様々なウマ

サラブレッド種（日本軽種馬協会提供）

北海道和種（道産子）（馬事文化財団提供）

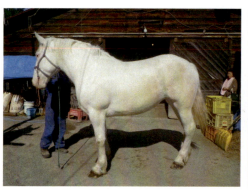

重種（JRA 佐藤文夫氏提供）

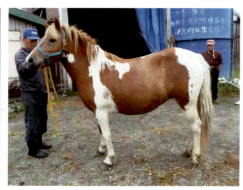

ポニー（JRA 石丸睦樹氏提供）

御崎馬（馬事文化財団提供）

100％アラブ種（シャグアーアラブ）

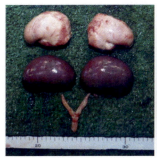

図5.8 馬胎子性腺（卵巣と精巣）と母馬の卵巣（田中弓子氏原図）（p.138 参照）

図7.2 ウマの喘鳴症の声門内視鏡所見（鹿児島大学田代哲之教授提供）（p.162 参照）

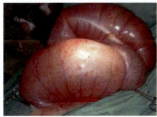
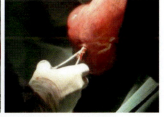
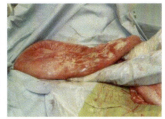

図7.3 結腸の便秘疝の開腹術例（p.164 参照）

図7.4 再発を繰り返す2歳齢ウマのRE手術例（p.165 参照）

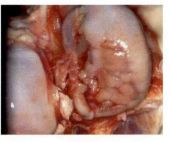

図7.5 3年間の血尿例で6×5cmの膀胱結石例（p.168 参照）

図7.7 化膿性膝関節炎例（p.172 参照）

図7.10 浅指屈腱の部分断裂症例（p.175 参照）

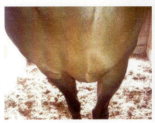
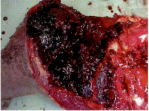
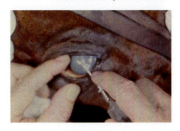

図7.12 前胸部に突発した動脈性血腫（左）と左腋下に広がった血腫の剖検所見（右）（p.177 参照）

図7.13 起立位局麻下での混晴虫除去（鹿児島大学田代哲之教授提供）（p.181 参照）

シリーズ〈家畜の科学〉
6

ウマの科学

近藤誠司
【編集】

朝倉書店

編集者

近藤誠司	北海道大学名誉教授

執筆者（執筆順）

近藤誠司	北海道大学名誉教授（1章，4.1節，4.5節）
小山良太	福島大学 経済経営学類（2.1節）
古林英一	北海学園大学 経済学部（2.2節，8章）
宮地　慎	農業・食品産業技術総合研究機構 畜産研究部門（3.1節）
松井　朗	日本中央競馬会 競走馬総合研究所（3.2節，4.2節）
河合正人	北海道大学 北方生物圏フィールド科学センター（3.3節，4.4節）
松浦晶央	北里大学 獣医学部（4.3節）
田谷一善	東京農工大学名誉教授（5章）
戸崎晃明	競走馬理化学研究所 遺伝子分析部（6章）
田浦保穂	山口大学 共同獣医学部（7章）
木村李花子	東京農業大学 学術情報課程（9.1節）
新宮裕子	北海道立総合研究機構 農業研究本部（9.2節）
二宮　茂	岐阜大学 応用生物科学部（9.3節）

序

　戦前のわが国のウマの頭数は，100万頭を超えていた．最近の10年のわが国のウマ飼養頭数は10万頭前後で推移し，約1/10に減っている．さらにこの数年は10万頭を割っている．元JRA総合研究所研究員で，世界的にも著名なウマの行動学者である楠瀬良博士は，講演会などでウマの話をする際に，よく以下のような話をされた．「現在，わが国のウマの飼養頭数は10万頭を下回っている．ウマを1頭1馬力とすると，わが国の全馬力は10万馬力以下であり，これは10万馬力の鉄腕アトムに負けてしまう」というものである．この逸話はおもしろいばかりか，現在のわが国のウマの頭数を覚えるのに都合がいい．

　ウマがヒトに飼育されるようになったのは紀元前4千年頃であるといわれ，ニワトリとともに比較的新しく家畜化された動物である．当初は他の家畜と同様，食料として飼われていたようである．ただ家畜になったウマはその過程で使役動物として非常に有用であることが発見され，以後おもに役畜として人類とともに歩んできた動物である．いつからウマが荷物を運び，ヒトをのせて走ったかは正確にわかってはいないが，紀元前2千年頃にはウマは馬車や戦車を引き，紀元前1千年頃にはヒトをのせてユーラシアの草原を走り回っていたようである．以後，20世紀前半まではウマは人類にとって非常に重要な役畜であり，また兵器であった．

　20世紀初頭より巻き起こったモータリゼーションの波が移動や輸送などの第一線からウマを駆逐し，第二次世界大戦を境にウマはこうした舞台から姿を消すようになった．わが国では昭和30年代まで各所で見かけた働くウマも，競馬場や乗馬クラブでしか見られなくなった．一方，世界のウマの飼養頭数の統計を見ると，とくに欧米などでは第二次世界大戦後にウマの数が急速に減った様相は見られず，20世紀中頃から21世紀にかけてこれらの国々のウマの数に大きな変化はない．本文中にも指摘してあるが，こうした国々ではウマの役割が移動や輸送の中心であった時代はわが国より半世紀ほど早くおわり，その後のウマの役割はレジャーやコンパニオンアニマルなど，ヒトのQOLを高め

るという役割を得，社会的な位置を占めるようになったものと見受けられる．わが国においても，ここ数年乗馬人口は漸増し続けており，また障がい者乗馬や流鏑馬競技など，これまでになかったウマの役割が生まれつつある．

　こうした現状から，本書では今までとは少し異なる観点からウマの科学を展開してみた．すなわち，栄養生理（第3章）や繁殖学（第5章），遺伝学（第6章），疾病（第7章）など，ウマの動物としての基礎的知見を捉えた上で，これに運動科学と行動（第4章）を加え，さらにその行動も舎飼時と放牧時に分けてウマという動物を論じた．家畜としてのウマについては家畜化から現在の役割まで述べ（第1章），これに気鋭の農業経済学者により生産システム（第2章）と社会における役割（第8章）を競走馬と農耕馬・在来馬それぞれで解説している．最近の生物学的なトピックスとして野生化したウマたちの行動や，後腸発酵動物としてのウマの採食戦略を前胃発酵動物であるウシと比較検討した章もユニークであろう（第9章）．もちろん最新の話題であるウマのウェルフェアについても，異常行動とともに9.3節で触れている．

　本書が畜産を学ぶ方々に加えて，ウマに興味をもつ多くの方々に読んでいただければ幸いである．またウマを扱っているプロフェッショナルの方々にも一種のハンドブックとして参考にしていただければ望外の喜びである．

　最後に，本書を出版するにあたり，朝倉書店編集部には多大なご尽力を賜った．著者らを代表して，ここに深甚なる謝意を呈するしだいである．

2016年8月

近 藤 誠 司

目　次

1. ウマの起源と家畜化 ……………………………〔近藤誠司〕… 1
   1.1 ウマの起源 …………………………………………………… 1
   1.2 ウマの家畜化と様々なウマ文化 …………………………… 5
       1.2.1 食　　肉 ……………………………………………… 5
       1.2.2 駆　　動 ……………………………………………… 6
       1.2.3 乗　　用 ……………………………………………… 9
       1.2.4 乳 利 用 …………………………………………… 11
   1.3 ウマの品種 ………………………………………………… 11

2. ウマの生産システム ……………………………………………… 18
   2.1 競走馬の生産システム …………………………〔小山良太〕… 18
       2.1.1 競走馬生産の定義 …………………………………… 18
       2.1.2 競走馬の商品特性 …………………………………… 19
       2.1.3 競走馬生産経営の特質 ……………………………… 20
       2.1.4 競走馬生産サイクルの特徴 ………………………… 20
       2.1.5 日本の競走馬生産の特徴 …………………………… 24
       2.1.6 日本最大の馬産地：北海道日高地域 ……………… 24
       2.1.7 競走馬の流通と取引構造 …………………………… 26
       2.1.8 日本の競走馬生産システムの特徴 ………………… 28
   2.2 農用馬・在来馬の生産システム ………………〔古林英一〕… 30
       2.2.1 農用馬とは …………………………………………… 30
       2.2.2 農用馬の生産 ………………………………………… 30
       2.2.3 農用馬生産の現状 …………………………………… 32
       2.2.4 在来馬の生産 ………………………………………… 38

3. ウマの栄養 …………………………………………………………… 40
3.1 ウマの消化の特徴 ………………………………〔宮地　慎〕… 40
3.1.1 消化管の形態と特徴 ………………………………………… 40
3.1.2 栄養素の消化 …………………………………………………… 42
3.1.3 消化に及ぼす要因 ……………………………………………… 44
3.2 舎飼いのウマの栄養 ……………………………〔松井　朗〕… 48
3.2.1 給　　餌 ………………………………………………………… 48
3.2.2 栄　　養 ………………………………………………………… 52
3.3 放牧馬の飼養管理 ………………………………〔河合正人〕… 59
3.3.1 ウマにとっての放牧地 ………………………………………… 59
3.3.2 放牧地における採食量 ………………………………………… 60
3.3.3 放牧地の牧草 …………………………………………………… 61
3.3.4 野草地の放牧利用 ……………………………………………… 65

4. ウマの行動と管理 ……………………………………………………… 69
4.1 ウマの行動の特徴 ………………………………〔近藤誠司〕… 69
4.1.1 摂 取 行 動 ……………………………………………………… 70
4.1.2 移動行動と歩法 ………………………………………………… 74
4.1.3 休 息 行 動 ……………………………………………………… 76
4.1.4 親和行動とコミュニケーション ……………………………… 77
4.1.5 護 身 行 動 ……………………………………………………… 79
4.1.6 葛藤行動と異常行動 …………………………………………… 80
4.2 競走馬の運動科学 ………………………………〔松井　朗〕… 81
4.2.1 サラブレッド種の運動能力 …………………………………… 81
4.2.2 競走馬の栄養 …………………………………………………… 84
4.2.3 競走馬のエネルギー …………………………………………… 85
4.2.4 水と電解質 ……………………………………………………… 89
4.2.5 その他の運動栄養 ……………………………………………… 91
4.2.6 競走馬の筋線維タイプ ………………………………………… 91
4.2.7 競走馬の胃潰瘍 ………………………………………………… 92
4.3 乗用馬の運動科学 ………………………………〔松浦晶央〕… 94

4.3.1　乗用馬の用途の広がり……………………………………94
　4.3.2　体格と振動の関係……………………………………95
　4.3.3　最大許容負荷重量……………………………………97
　4.3.4　ホーストレッキングによる自律神経活動と心理状態の変化……100
　4.3.5　ホーストレッキングにおけるウマのストレス応答……………102
　4.3.6　お わ り に……………………………………104
4.4　放牧馬の行動………………………………………〔河合正人〕…106
　4.4.1　ウマの1日……………………………………106
　4.4.2　食草時間と休息時間……………………………………106
　4.4.3　移動距離と速度……………………………………109
　4.4.4　利 用 場 所……………………………………111
　4.4.5　採食植物種……………………………………113
4.5　ウマの群行動とその特徴………………………………〔近藤誠司〕…116
　4.5.1　野生馬の群社会……………………………………116
　4.5.2　繁 殖 行 動……………………………………118
　4.5.3　母子行動と群の形成……………………………………121

5.　ウマの繁殖………………………………………〔田谷一善〕…128
5.1　長日性季節繁殖動物としての特徴……………………………128
5.2　春機発動と性成熟……………………………………130
5.3　雌馬の繁殖……………………………………130
　5.3.1　卵巣の形態学的特徴……………………………………130
　5.3.2　性周期中の卵胞発育，排卵と黄体機能……………………131
　5.3.3　発情周期の内分泌学的調節……………………………132
　5.3.4　雌馬に特有なホルモンのフィードバックシステム……………133
　5.3.5　卵胞発育・排卵様式の特徴と2排卵………………………134
　5.3.6　妊娠維持機構……………………………………135
　5.3.7　分娩後発情と分娩後排卵……………………………139
　5.3.8　初乳の重要性……………………………………139
5.4　雄馬の繁殖……………………………………139
　5.4.1　精巣機能の季節変動……………………………………139

5.4.2 精巣内分泌機能……………………………………140
5.5 繁殖機能の人為的調節……………………………………141
　5.5.1 人工授精と胚移植……………………………………141
　5.5.2 光線処理法の応用による分娩の早期化…………………141
　5.5.3 ホルモン投与による非妊娠馬の乳腺発育誘導……………141
5.6 おわりに……………………………………………………142

6. ウマの遺伝…………………………………………〔戸崎晃明〕…144
6.1 遺　　伝……………………………………………………144
　6.1.1 遺　伝　学……………………………………………144
　6.1.2 遺伝要因と環境要因……………………………………145
　6.1.3 質的形質と量的形質……………………………………145
　6.1.4 メンデルの法則…………………………………………146
　6.1.5 遺　伝　率……………………………………………146
6.2 遺 伝 物 質…………………………………………………147
　6.2.1 ゲ ノ ム………………………………………………147
　6.2.2 染　色　体……………………………………………148
　6.2.3 ミトコンドリア・ゲノム…………………………………148
6.3 ゲノム・遺伝解析ツール……………………………………149
　6.3.1 遺伝地図と連鎖解析……………………………………149
　6.3.2 一塩基多型（SNP）……………………………………149
6.4 毛色の遺伝…………………………………………………150
　6.4.1 ウマの毛色……………………………………………150
　6.4.2 栗毛・鹿毛・青毛………………………………………152
　6.4.3 芦　　毛………………………………………………152
　6.4.4 その他の毛色の遺伝……………………………………153
6.5 親子判定・個体識別………………………………………153
6.6 遺伝性疾患…………………………………………………154
6.7 その他の形質の遺伝………………………………………155
　6.7.1 競 走 能 力……………………………………………155
　6.7.2 体　　高………………………………………………155

6.7.3　歩　　　様……………………………………………155

7. ウマの疾病と衛生対策……………………………〔田浦保穂〕…157
　7.1　ウマの衛生対策……………………………………………157
　　7.1.1　飼　養　法……………………………………………157
　　7.1.2　衛　生　対　策………………………………………158
　7.2　ウマの疾病…………………………………………………158
　　7.2.1　臨床検査と病性鑑定…………………………………158
　　7.2.2　疾　病　概　要………………………………………159
　　7.2.3　循環器疾患……………………………………………160
　　7.2.4　呼吸器疾患……………………………………………161
　　7.2.5　消化器疾患……………………………………………164
　　7.2.6　泌尿器・生殖器疾患…………………………………167
　　7.2.7　神経系疾患……………………………………………169
　　7.2.8　運動器疾患……………………………………………171
　　7.2.9　血液・造血臓器疾患…………………………………176
　　7.2.10　皮　膚　疾　患………………………………………177
　　7.2.11　感　染　症……………………………………………179
　　7.2.12　中　　　毒……………………………………………179
　　7.2.13　眼　科　疾　患………………………………………181

8. ウマの利用……………………………………………〔古林英一〕…183
　8.1　競　走　馬…………………………………………………183
　8.2　乗　　　馬…………………………………………………187
　8.3　労　　　役…………………………………………………190
　8.4　食用・皮革…………………………………………………192

9. ウマに関する最近の話題……………………………………………199
　9.1　野生化したウマ……………………………………〔木村李花子〕…199
　　9.1.1　歴史と背景……………………………………………199
　　9.1.2　社　会　構　造………………………………………200

9.1.3　コミュニケーション行動の発達 …………………………………202
　9.1.4　野生化したロバ …………………………………………………204
9.2　後腸発酵動物であるウマの採食戦略 ……………〔新宮裕子〕…205
　9.2.1　草食動物にとっての採食戦略とは ……………………………205
　9.2.2　消化能力から見た採食戦略 ……………………………………206
　9.2.3　採食行動から見た採食戦略 ……………………………………207
9.3　ウマの異常行動とアニマルウェルフェア …………〔二宮　茂〕…210
　9.3.1　アニマルウェルフェアへの対応，五つの自由 ………………210
　9.3.2　ウマの行動欲求 …………………………………………………211
　9.3.3　ウマの欲求不満時に現れる行動 ………………………………212
　9.3.4　アニマルウェルフェアの管理 …………………………………212
　9.3.5　さく癖と熊癖の制御 ……………………………………………213

索　　引 …………………………………………………………………215

1. ウマの起源と家畜化

1.1 ウマの起源

　現代日本で，ウマを見る機会は少ない．通常は競馬場か，乗馬クラブ，または大学の馬術部などであろう．動物園や触れ合い広場で小さくて可愛らしいポニーを見たことがある人もいるかもしれない．実際には，この世界に様々なウマが存在する．

　図1.1に典型的な四つの馬種を示した．サラブレッド種は競走馬として競馬に使われているのでご存じの方も多いだろう．体高（地表から背中のもっとも

図1.1　様々な現代馬（イエウマ，*Equus caballus*）
左上：サラブレッド種，右上：北海道和種馬，左下：重種，右下：ポニー．

高い部分であるき甲部までの高さ）は 160 cm 前後で，軽快で美しい体型をしている．北海道和種馬は日本在来馬の 1 品種で，アジアの伝統的なウマの体型をよく残している．体高は 130〜140 cm 程度と小柄であるが，頑強で粗食に耐えるウマである．競走馬などを軽種と呼ぶのに対して，農耕用に育種された大柄の品種は重種と呼称された．現代の日本ではばんえい（輓曳）競馬で見ることができ，大きい個体の体重は 1 トンを超える．ポニーとは本来は体高が 148 cm 以下の小格馬をいうが，観光的に写真のように大きめのイヌ程度の大きさの愛玩用の馬種を指すことが多い．ただし，有名なポニーの品種であるシェトランドポニーなどは，炭坑などの坑道でトロッコを引くために育種されたウマである．

　こうしたウマたちが地球上に現れたのはおよそ 5500 万年前である．巨大な恐竜が地表を闊歩していたのが 6500 万年前といわれているので，恐竜が滅亡して哺乳類が栄え始めた頃なのであろう．彼らはヒラコテリウムもしくはエオヒップスと呼ばれ，キツネからポニー程度の大きさであったと推察されている（図 1.2）．

　19 世紀の前半，英国ではこうした古代生物の骨を探すことがジェントルマン層ではちょっとしたブームになっていた．1938 年に英国ケント州の粘土堀場で小さな歯が発見され，翌年に同じ歯をもつ動物の頭蓋骨の大半が発見され，当初これらはアフリカ中部，南部から中東にすむハイラックス（英名 Hyrax）というイワダヌキ目の動物の祖先であろうと思われて，*Hirachotherium* と名づけられた．同じ頃，北米でたくさんの古生物の化石が発見され，これを整理した結果，1873 年に発見された骨を最初のウマとして *Eohipps*（曙馬，もしくは始原馬）とした．

　結果的に，この二つの動物は同じものであることが明らかになり，この動物

図 1.2　各種古代馬の復元模型（馬の博物館所蔵品）
左：ヒラコテリウム，中央：メソヒップス，右：プリオヒップス．

こそが最初のウマである，とされた．残念ながら学名としては最初につけられた名前が優先されるので，この最初のウマの祖先は正式にはヒラコテリウムとなる．ただし，ウマ好きで著名な進化学者シンプソン博士は，エオヒップスという名前は捨てがたく，これを普通名詞の一般用語として使おうと提案している．たしかに「イワダヌキの祖先」より「曙馬」の方が聞こえがよい．

このエオヒップスから現代ウマに至る長い歴史をシンプソンの著述（シンプソン，1989）を参考に図1.3に示した．エオヒップスは体高が25～50 cmとかなりバラツキがあり，指の数は前肢が4本，後肢が3本であった．およそ3800万年前，メソヒップスが前後肢とも3本指となり，中新世から鮮新世にかけて北米に出現したプリオヒップスがついに四肢ともに第3指が太く大きく発達し，現代馬と同様の蹄を形成するに至った．このプリオヒップスが現代馬の直接の祖先だと考えられている．

歯の構造からみると，エオヒップス以降ミオヒップスまでは柔らかな木の葉などを採食していたと考えられている．パラヒップスおよびその後のメリキップスでは歯冠部にエナメル質の稜線が形成され，上下の顎を水平に動かして咀

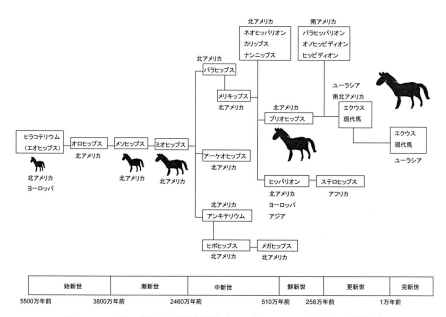

図1.3 ウマ科の進化と推定棲息地域（シンプソン，1989をもとに近藤作成）
シルエットは現代馬を基準とした大きさ．

嚼ができるようになったと思われ，このときからウマの祖先たちは草本類を採食するようになったのであろう．おそらく，この時代にウマの祖先たちは森林を出て草原で暮らすようになり，群れを作り，捕食者である肉食動物たちの接近を探知すると，乾いた平坦な大地を軽やかに疾駆して逃げ延びる行動が形成されたのかもしれない．ウマとしての特徴的な行動はこの頃から形成されたに違いない．

　図1.3には，それぞれの古代馬が活躍した地域が示してある．エオヒップスはユーラシアと北米の両大陸で進化したが，その後旧大陸では絶滅し，ウマの先祖はおもに北米大陸で進化を遂げた．なお中新世後期にヒッパリオンなど，当時つながっていたベーリング海峡を越えて，再度ユーラシアに入り独特の発達を遂げて，さらにアフリカにまで進出したグループもあったが，更新世が終わる前に絶滅した．またアメリカ大陸においてもいくつかのグループは絶滅し，前述のプリオヒップスのグループが現代馬エクウスへとつながっていく．シマウマもアフリカへ渡ったエクウスがその祖先であろうとされている．

　米国の西部劇でカウボーイやインディアンがウマで草原を駆けめぐる場面から，北米がウマの本場だと思っている方々も多いだろうが，実はおよそ1万年前に南北両大陸のウマは絶滅した．したがって，コロンブスがアメリカ大陸に到達したとき，そこには1頭のウマもいなかった．15世紀末以降，アメリカ大陸に移り住んだヨーロッパ人が持ち込んだウマがそれ以降のアメリカ大陸の草原で大いに数をふやし，駆けめぐったものである．

　なぜアメリカ大陸で1万年前にウマの祖先が絶滅したのかは，いまだに謎である．伝染病が流行ったのではとか，当時ユーラシアから渡ってきて先住民族インディアン・インディオ，イヌイットとなった最初のアメリカ人たちが食べ尽くしてしまったのでは，とか様々な憶測をよんでいる．気候変動説や草資源枯渇説もあるが，ヨーロッパ人が到達した時点で，草原には同じ草食動物であるバイソンが旺盛に繁殖していたことから理解しがたいだろう．南米のブエノスアイレス付近では，最初に来たスペイン人が少数のウマを持ち込み，一旦撤退した後に再度移民したときにはパンパにはウマがあふれていたという．アメリカ大陸の草原はウマには絶好の環境であることがうかがえ，このことからもなぜ1万年前にウマが絶滅したのかは，解明されていない．

1.2 ウマの家畜化と様々なウマ文化

1.2.1 食　　肉

　人類は紀元前3万年前から定住化が始まる1万2千年前まで，氷河が溶けたあとにできた冷涼な草原で，シカやマンモスなどの草食動物群を狩って生活してきたといわれている．温暖化がこの草原を森林に変え，それまでの草原を移動しながら暮らす生活を捨てた人類は，集落を作り定住し農耕や牧畜を基礎とする生活を始めた．この長い狩猟採集生活の間の獲物として，ウマ類も当然含まれていた．Jarman (1972) は旧石器時代末期から中石器時代にかけての165遺跡から出土した動物

図1.4　ラスコーの洞窟画のウシらしい絵とウマらしい絵（旧石器時代（前14000年），フランス）

遺物の頻度数を整理しているが，もっとも頻度が高く出現する動物はアカシカであり，ついでイノシシ，ウシと続く．その中でウマ類は全体の40%の遺跡から出土し，狩られる草食動物として決して頻度は低くないことを示唆している．図1.4はフランス・ラスコーで発見された旧石器時代の洞窟画であるが，ウシらしい動物とともにウマらしい動物が描かれている．

　南フランスのソリュトレから紀元前2万5千年前の遺跡が発見され，その地域のソーヌ川とローヌ川の合流地点から大量のウマの骨が発掘された．2万年の間に32000頭から10万頭のウマが季節的な移動の途中のこの場所で殺されたと見られており (Olsen, 1989)，当時の人類が季節の味覚として馬肉を楽しんだのかもしれない．

　さて，現代社会では馬肉の消費は決してメジャーではない．大きな理由は単胃動物であるためウシやヒツジより消化能力が低く，またブタなどに比べて産子数が1年に1産と低く，食用として使用した場合は生産コストが高くなることにあるだろう．ただし乗用馬の廃用などにより供給される肉資源であることから，ソーセージなどのつなぎなど加工食品原料として用いられるほか，一部消費者の嗜好によりスペシャル・ディッシュとしての需要はある．日本では馬刺しとして賞味されるほか，伝統的な内臓料理である「おたぐり」（ウマのモ

表 1.1 主要畜肉の成分（可食部 100 g 中の生重量 g）

	水分	タンパク質	脂肪	糖質
ウマ	73.6	20.5	3.7	1.0
ウシ（モモ）	71.6	21.0	6.1	0.3
ウシ（霜降りロース）	45.9	12.4	41.0	0.2
ブタ（モモ）	59.2	16.7	22.9	0.2
ブタ（ロース）	52.5	14.1	32.5	0.1
ヒツジ	74.4	16.4	8.0	trace
ニワトリ	72.8	21.0	5.0	trace

（三訂日本食品標準成分表，1984）

ツ煮）や「なんこ鍋」（ウマの腸のみそ煮込み料理）がある．またヨーロッパではタルタルステーキとして，生の馬肉をオリーブオイル，塩，こしょうで味付けし，タマネギやニンニクなどの薬味と卵黄で食する料理がある．

馬肉は他の畜肉と比べ，脂肪が少なくタンパク質含量が比較的高い（表 1.1）．タンパク質に含まれるアミノ酸の種類が 20 種ほどと高く，またカルシウムや鉄分などミネラル含量が高く，ビタミン類も豊富である．さらに甘みを感じる糖質含量が高く，可食部 100 g 中のグリコーゲンの量は牛肉が 674 mg であるのに対して 2290 mg と非常に高い．

農林水産省の馬関係資料によれば，日本で肉用に屠殺されるウマは平成 25 年度で約 12000 頭，肉生産量は 4897 トンである．それに対して馬肉輸入量は昭和 50 年代の 8 万トンから漸減し，平成 25 年度の輸入は 6800 トンあまり，あわせて日本では現在年間 12000 トンあまりの馬肉を消費している．なお加工用は 900 トン強で，2/3 が加工に向けられている．地域別には熊本県での生産量が 2000 トン弱と全体の 40% を占め，ついで福島県が 1000 トン強で 21% を占めている．輸入元では平成 25 年度現在ではカナダがもっとも多く 40% を占め，メキシコ，ブラジル，アルゼンチンなど中南米諸国がついでいる．

米国や英国などのアングロサクソン系の人々は伝統的に馬肉食に対して強い忌避傾向があるが，ベルギーやフランスでは馬肉は好まれる食材である．また日本では競馬関係者や乗馬愛好家は馬肉食をいやがる傾向にあるが，一般的には馬刺しが賞味されるなど強い忌避はない．

1.2.2　駆　　　動

食用についで古いウマの利用は，その力を利用した駆動である．最初にソリ

1.2 ウマの家畜化と様々なウマ文化

図 1.5 ミュケナイ文明の壁画に見られるウマと馬車（前1700〜1500年）（大英博物館）

図 1.6 古代エジプトの戦車の壁画に見られるウマと戦車（前1570〜1085年）（大英博物館）

や馬車を引かせた家畜化された動物はウシかウマ科のオナガーではないかといわれているが，メソポタミア文明の時代にウマはばんえいなどの使役に用いられていたらしい．紀元前1700〜1500年の地中海のミュケナイ文明の壁画には馬車をひく馬が描かれている（図1.5）．さらに紀元前1500年〜1000年にはいわゆるチェリオットとよばれる戦車が登場し，ウマは兵器として大きく進展した（図1.6）．一方，アジアでは中国の殷文明ですでに同様の戦車が使われており，紀元前2世紀の秦の始皇帝の帝陵からは4頭立ての壮麗な馬車が出土している（図1.7）．

実際，蒸気機関が実用化されるまでウマは輸送の中心であった．いわゆる馬車は貨物を運ぶ（図1.8）ほか，木材の搬出（図1.9）や曳き船（図1.10），

図 1.7 秦始皇帝陵で出土したウマ土偶と馬車（前200年）

図 1.8 材木を運ぶ馬車（写真：M. W. Goetz 氏）

図 1.9 伐採した木材を搬出するウマ（写真：M. W. Goetz 氏）

図1.10 ウマによる曳き舟

図1.11 様々な荷物をウマの背に乗せて運ぶ駄載（ダンヅケ）

図1.12 ウマによる精米作業（ホースメイト17号（1996），日本馬事協会）

図1.13 観光馬車（アテネ）

さらに背に荷物を載せる駄載という方法（図1.11）で，陸上輸送の中心であった．またウマの力そのものをとりだして使う使い方もあった．図1.12はウマで精米機を駆動させているものである．もちろん，汽車やバスが登場する以前は，大勢の人の移動は馬車が頼りであった．観光馬車は現在も世界中の様々な都市で見ることができる（図1.13）．

蒸気機関を発明したワットは同時にウマの力を測定して単位としたことでも有名である．彼は製作した蒸気機関の力を当時の人々に理解させるため，「ウマ何頭分の仕事をする」といった表現がぜひとも必要だったのである．彼はウマの力を12フィートの腕木につけたバネばかりで計り，1分間に2.5回転させ，175ポンドという値を得た．その結果，1馬力は33000ポンド・フィート/分，すなわち75 kg・m/秒とし，この表示法は現代の最新型のスポーツカーでさえ使っている．

図 1.14　古代アッシリアのウマと騎手（粘土板，前 1000〜645 年）

1.2.3　乗　　用

　ウマが乗用に使われたのはばんえいよりあとだと考えられているが，実際に騎乗された時期は不明瞭である．ただ紀元前 1000 年以降，ユーラシア中央部の草原を駆けめぐったスキタイや匈奴などの騎馬民族は騎乗していた．彼らがウマに乗り，騎乗を知らない都市文明に襲来したとき，人々は上半身が人で下半身がウマの怪物が来たと信じ込んだ．これが，いわゆるケンタウルス伝説の起源らしい．また現在のイラン・イラク辺りに存在した古代帝国アッシリアでは，戦士はウマに乗って弓を引き，槍を構え，刀を振り回し，戦場を駆けめぐった（図 1.14）．

　ウマに乗るための必需の道具としてハミと手綱がある．ハミは金属などでできた堅い棒でこれをウマに咥えさせ，ちょうどの口の歯のない部分にこのハミが納まって，口吻の柔らかい部分を圧迫することによりウマをコントロールする道具である．図 1.15 にウマの頭骨と，そえにあてがったハミ，頭絡，手綱を示した．なお，鞍や鐙の発明はずっと遅い．アレクサンダー大王のインド遠征時にも，彼らの騎馬部隊は鐙も鞍も用いてなかったようである．鐙の使用はアジアでは 4 世紀，ヨーロッパでは 7 世紀頃と見積もられている（図 1.16）．

　その後，ウマは世界史の中で近代まで重要な兵器として発展を続け，軍隊を支える重要な武器であった．近代戦で大砲などが戦場の主役となった時代でさえ，最終的に勝敗を決するのは騎兵の破壊的な突撃であり（金子，2013），移動がすばやく装備が整った騎馬部隊の突撃を止められるものは機関銃の出現までないに等しい（エリス，2008）．大砲や連発式の銃器の発達，

図 1.15　ウマの頭骨にあてがったハミと頭絡および手綱

図 1.16　中世ヨーロッパの騎士騎馬像（左）とハミおよび鐙（右）（10世紀頃）（大英博物館）

戦車さらに飛行機の登場がウマを戦場から駆逐したが，第 2 次世界大戦前半までは，軍隊の移動はウマによることが多く，この大戦でのウマの損耗は著しい．

一方，蒸気機関やガソリンエンジンの発達は，市民生活の中の移動手段としてのウマの位置を奪った．ただし，乗馬の世界は今も世界のあらゆる場所で生き残っている．日本でウマを見る場所といえば競馬か乗馬クラブがほとんどといっても過言ではないが，欧米では第二次世界大戦以前から実用としてのウマの位置より，コンパニオンアニマルとしてのウマの位置づけが始まったように見受けられ，1960 年代から激変した日本の馬飼育頭数の変化に対して，欧米諸国の馬飼育頭数の変化は小さい．もちろん，アルゼンチンや中央アジアのように乗馬で作業する世界はまだまだ多いが（図 1.17，図 1.18），一方では障害

図 1.17　アルゼンチンのウシ競売場で働くウマたち（2001 年）　　図 1.18　中央アジア遊牧民カザフ族の作業馬と馬装

図 1.19 だれでも楽しめるウマに乗った散歩，トレッキング

者のための乗馬や，QOL 向上のためのトレッキング（図 1.19）など，乗馬の用途は広がりつつある．

1.2.4 乳 利 用

ウマ乳汁の利用は中央アジアの騎馬民族で行われてきた．分娩後の雌馬に子馬をつけて授乳させて乳汁の分泌を促した後，搾乳して乳汁を得る．ただし，乳量はウシなどに比べて著しく低く，1 回の搾乳量は 200 ml 程度といわれている．搾乳はモンゴルの馬乳酒製作の場合，1 日 6～7 回に分けて行うという．

ウマの乳汁成分は人乳に似ているとされ，糖分含量がやや高い．上述の馬乳を発酵させた馬乳酒は，モンゴル国ではアイラグ，中国内モンゴル自治区ではツェゲー，カザフスタンなどカザフ系遊牧民はクミスとよぶ．アルコール度数は 1～3% であり，アルコール飲料というより乳酸飲料といってもいい飲み物で，モンゴルでは老若男女が夏の飲料として，1 日に 0.5～1.5 リットル飲むという．

日本における馬乳の利用は一般的ではないが，脱脂して栄養補助食品に使われたり，化粧品や石鹸などに使用される例がある．

1.3 ウ マ の 品 種

ウマの品種は現在 200 種を超えるといわれ，世界中に様々なウマがいる．ただし，ウマの品種名は非常に混乱しており，体格による分け方，歩法による分け方，毛色と結びついた分け方，さらに地名に結びついたものなど様々である．

体格に結びついた分け方としては，日本では戦前の馬政局が定めた分類法がある．重種，軽種，中間種および在来馬とする分類で，重種とはブルトン種やペルシュロン種，ベルジャン種など馬格の大きいばんえいを主とした品種である（図 1.20）．軽種とはサラブレッド種（図 1.21）やアラブ種（図 1.22）など騎乗用に作られた品種で，外見は軽快で気品に富み，競馬や乗用馬として世界中で用いられている．また，伝統的な乗用とばんえいの兼用種であるアングロノルマン種などが中間種（図 1.23）と呼ばれる．このほかに，近代的な育種手法によらず各地域で伝統的に用途にあった選抜淘汰を繰り返して作出された品種を在来馬と呼び，日本では北海道和種馬（図 1.24），木曽馬，御崎馬，トカラ馬，対州馬，野間馬，宮古馬および予那国馬の 8 品種が定められている．また体格による分け方として，体高 148 cm 以下のウマをポニーと呼ぶことがある．

アルゼンチンのパンパで成立したウマ，クリオージョ種（図 1.25）は本来

図 1.20 巨大な体躯を誇る重種馬

図 1.21 2 歳馬の市場で競りにかけられるサラブレッド種競走馬

図 1.22 気品にあふれた 100% アラブ種（シャグアーアラブ）（北海道大学牧場）

図 1.23 乗用に使われている典型的な中間種馬たち（北海道大学牧場）

図 1.24 北海道和種馬の母子（北海道大学牧場）

図 1.25 アルゼンチンのパンパで牧童（ガウチョ）が乗ったクリオージョ種

その土地で生まれたものという意味で，北海道和種馬の俗称であるドサンコと同じ名称である．15～16世紀にスペイン人が持ち込んだ西洋馬の子孫がアルゼンチンの大草原パンパで独特の発達を遂げたウマで，いわば在来種である．

歩法による分け方の代表的な例ではトロッター種がある．非常に軽快な速歩（トロット）を行う品種で，トロッターレースや2輪馬車（サルキー）をひいて軽駕レースを行わせたりする．また米国のテネシーウォーキングホースやミズーリフォックストロッター，南米のペルビアンパソなどが含まれる．毛色と結びついた例では，独特の毛色で固定されたアパルーサ種，ピント種が有名である．その他，用途と毛色，地名が結びついてしまった例として，馬車馬として有名なクリーブランドベイ種（クリーブランドという地名と鹿毛を現すベイ）やスペイン乗馬学校で使用されている純白のリピッツァー種などがある．地名に結びついた品種名は上述のクリーブランドベイ種やテネシーウォーキングホース，ミズーリフォックストロッターのほか，ドイツのハノーバー種，ホルスタイン種がある．また，在来馬としてもいい品種としてアラブ種，チベット馬，モンゴル馬などもあげられよう．

在来馬を除き，現在の多様な品種は18世紀の英国で行われた改良によるものが多い．当時の英国は産業革命の結果，輸送が大きな役目をもつと同時に農地囲い込み（エンクロージャー）の結果，農業の集約化・大規模化が進行し，大型で力の強いウマが求められた結果，民間のブリーダーによってヒツジやウシの改良とともに，大型の重種馬が作出された．

時折，ヨーロッパ産の重種馬はもともとこうした地方で生まれたと考える向

図 1.26 北海道の共進会に出陳された重種馬
ウマを曳くヒトの大きさから体格の雄大さがわかる．

きもあるが，実は 14 世紀以前のヨーロッパの遺跡から，体高 142 cm 以上の
ウマの骨は出土していない．これは上述の定義ではポニーにあたる大きさで，
現在の北海道和種馬など日本の在来馬とそれほど大きな差はない．15 世紀以
後，改良が進み，とくに 18 世紀の育種改良が大きく発展した時代に，大型の
重種馬が作出されたものだろう（図 1.26）．

　こうした品種の育種改良にはサラブレッド種に代表される競走馬の作出が
あったのだろう．17 世紀の英国のチャールズ 2 世の時代に，王侯貴族の楽し
みのための競馬が盛んになり，北アフリカやアラブ，トルコから優良な雄馬を
導入し，貴族が所有していた雌馬と交配させて，より早いウマを作り上げたも
のである．このとき導入された種雄馬には，現在も 3 大種雄馬として知られる
「バイアリー・ターク」，「ダーレー・アラビアン」および「ゴドルフィン・バ
ルブ」がいた．

　18 世紀に入ると，サラブレッド種の改良はほぼ近代育種の基本セオリーを
踏まえたものになった．すなわち，成績の正確な記録と血液集団のクローズ，
さらに厳密な淘汰選抜である．これは賭の対象であった王侯貴族の競走馬が対
象であったことから可能であったのだろう．レース成績は厳密に記録され，貴
族が所有するウマは血統書「ゼネラル・スタッドブック」により血統的に制限
され，負けたウマは容赦なく淘汰された．当時の一般市民社会ではとうてい行
いえないような育種方法であり，まさに近代育種の基本を押さえたものである．
なお 18 世紀当時の英国の競馬は競走距離が様々であったが，やがて重要なレー
スは 2 マイル（3200 m）以下で争われるようになり，現代の競馬の形が作られた．

　ヨーロッパの北部では冷涼で飼料の乏しい土地柄から小格のウマが算出され

た．これらも18世紀頃から積極的な育種選抜が行われ，シェトランドポニーなど小格だが力が強い品種が成立した（図1.27）．こうした小格馬は炭坑などでトロッコを曳くために使用されたほか，乗用や農耕用のばんえいに用いられる品種もあった（図1.28）．

現在はなくなったが，つい先年まで日本の競馬には「アラブ」種という範疇があった．これは純粋アラブではなく，サラブレッド種とアラブ種を掛け合わせたアングロアラブ種を指す．血量としてアラブ種の血が25％以上なくてはならない．いわば中間種であり，乗用にも用いられた（図1.29）．

品種名は以上のほか，用途に結びついた名前もある．英国のハンター種はキツネ狩りなど狩猟に用いられたウマで，現在も品種紹介などの書物に載っているが，とくに品種というわけではない．また，現在のフランスではこうしたウマの品種名を整理し，乗用をセルフランセ種とよぶ．あえていえば乗用仏種とでもいうべきか．英国では軽い馬車などを引く品種をコブともいう．

図1.27 北海道の共進会に出陳されたシェトランドポニー

図1.28 農家で乗用と馬耕に使われているハフリンガー種
がっちりした体躯だがポニーの一種である．

図1.29 アングロアラブ種
この馬は以前は競馬に使用されていたが，その後乗馬用となった．

北米でカウボーイがウシを追ったり分けたりするために作出した品種をクオーターホース（米国）もしくはカッティングホース（カナダ）とよんでいる．クオーターホースは1/4マイル，すなわち400mで最高速度を出すように改良された俊敏な品種で，400mまでであればサラブレッド種より早い．カッティングホースは，牛群から目当てのウシを切り離す作業で用いられたすばやい動きをする品種である．

　日本の在来馬は，1900年の北清事変で帝国陸軍の軍馬が列強の観戦武官らに「ウマの皮をかぶったけだもの」と酷評されてから悲惨な運命をたどった．馬匹改良法の名のもとで去勢法が適用され，すべての日本在来馬の雄は去勢されることになり，雑種のみが残るよう措置された．その結果，南部馬や三春馬など，優れた遺伝子をもっていたと思われる馬種が絶滅した．北海道和種馬は当時の北海道長官が，道路事情のよくない北海道の開発のために北海道和種馬（ドサンコ）の駄載（ダンヅケ）による輸送は不可欠である，として農務省長官に去勢猶予を乞い，その結果渡島管内と日高管内の北海道和種馬についてはこの法律の適用は免除された．また，日本南方諸島の小格馬は，おそらく法律適用を免れて今も残ったものだろう．

　現在，日本の在来馬は8品種すべてを含めて2000頭に満たない．品種によっては絶滅の危機に瀕している．ヨーロッパ原産の在来馬であるアイスランドポニーやフィンランド種が国の手厚い保護のもとで，それぞれの国の馬文化を支えている現状から見るとお寒い限りである．在来馬は戦争のなかった江戸時代300年を通じて，使いやすい農耕馬として育種選抜されたものが残ったものである．現状の在来馬の体格や動作から在来馬を評価することは早急である．

図1.30　松本（1948）が示した北海道和種馬の二つのタイプ
左：典型的な乗馬タイプの第一浅山号，右：駄載タイプの北聖号．

たとえば，平安時代末期から鎌倉時代にかけての武将が乗ったウマは体高が142〜147 cm あった．当時は騎乗弓射といった戦場仕様のための育種選抜が行われたのであろう．松本（1948）は，北海道和種馬には二つのタイプがあり，それぞれ乗用タイプおよび駄載タイプとしている（図1.30）．こうした形質の遺伝子は現在の在来馬の中にも発見できる可能性があるだろう．今後，日本在来馬の保全・活用のためには，こうした乗馬としての在来馬の可能性を育種の面で追究する必要がある．　　　　　　　　　　　　　　　　〔近藤誠司〕

参 考 文 献

エリス（John Elis），越智道雄訳（2008）：機関銃の社会史，平凡社ライブラリー，平凡社．
Jarman, M. R. (1972): European der economies and the advent of the Neolithic. In Higgs, ES (ed.) Papers in Economic Prehistory, Cambridg University Press, Cambridge, pp. 83-97.
金子常規（2013）：兵器と戦術の世界史，中公文庫，中央公論新社．
松本久喜（1948）：在来馬，農学ライブラリー2，北方出版社，札幌．
Olsen, S. L. (1989): Solutre: a theoretical approach to the reconstruction of Upper Paleolithic hunting strategies. *J. Human Ecol.*, **18**: 295-327.
シンプソン（George Gaylord Simpson），原田俊治訳，長谷川善和監修（1989）：馬と進化，どうぶつ社．

2. ウマの生産システム

2.1 競走馬の生産システム

現在,世界中でおよそ5840万頭(FAOSTAT, 2009年)のウマが飼養され,多種多様な用途で使用されており,それは地域文化と密接な関係をもってきた.とくに,欧米では,約300年前に英国で発祥した競馬と競走馬産業が活発である.おもに競走馬として使用されるサラブレッド種は世界中で毎年9.9万頭が生産されている(Japan Association for International Racing and Stud Book, 2014).欧米における競走馬生産の前提には乗馬文化が存在し,その関係は密接である.

日本馬産の歴史を紐解くと,欧米と同様に古く,農耕用,軍馬,馬車(ばん馬)として日本人の生活に寄与してきた.しかし,戦後は,GHQの平和政策のもとで軍馬生産が消失し,また,農業の近代化,モータリゼーションの普及とともに農用馬・ばん馬生産が急減するなかで,競馬・競走馬生産に特化したモノカルチャー構造に転換し現在に至っている.競馬産業に特化して展開してきた日本の競走馬生産は,欧米とは異なる形態で,ある意味独自の展開を遂げてきたといってもよい.

2.1.1 競走馬生産の定義

現在,日本の馬産の中心的な品目は競走用のサラブレッド種生産である.なお,以前はアングロアラブ種(純粋なアラブ種とサラブレッド種との交配により,一部アラブ種の血を受け継いだ品種)の生産もあったが,競走馬需要の変化により現在ではごくわずかとなっている.これらはすべて明治時代以降,欧米より日本に輸入されたものである.日本のウマは用途ごとに大きく三つに区

分されている．

　①軽種馬の使用目的は競走，乗用，愛玩であり，速歩能力が高く，騎乗用に供される．サラブレッド種やその雑種がこれに当たる．②中間種は，日本在来の雌馬を基礎とした，いわゆる雑種であり，その使用目的は，使役用から軽ばん馬・小格ばん馬など幅広い．食肉兼用の農用馬もこれに区分される．③重種馬は重ばん馬であり，ペルシュロン系のウマがこれに当たる．ばん馬としての使用が主流である．

　軽種馬という呼び名は，明治期の軍馬政策の中でつけられた分類であるが，日本では現在においてもサラブレッド種，アングロアラブ種などの乗用・競走用の馬を軽種馬として呼称している．これは日本だけの名称であり，欧米では"Blood-Horse"と呼称している．

2.1.2　競走馬の商品特性

　日本の競走馬生産の原型は軍馬の資質改良目的の生産であったが，現在は，競走＝競馬での使用がその大部分を占めている．競馬が「ウマ」による競走である限り，競走馬の購買者にとってこれに代替する商品は存在しない．また競走馬は「究極の嗜好品」といわれるように，ウマを所有し馬主となることには社会的に高いステータスがある．

　日本の馬主の特徴は，①圧倒的多数が0～1頭所有であり，小規模な馬主が多い．②不動産業，金融業，IT関連といったサービス産業の経営者が多く，しかも中小規模の企業のオーナーが大多数を占める．③欧米のように所得階層の格差が少なく，欧米とは異なり貴族的・趣味的な志向が薄い．という3点である．競走馬の購買は馬主の経済状況，景気の変動に大きく左右されるという特徴をもつ．

　さらに，日本競馬の制度が馬主の購買行動を規定する要因として働き，これが需要の限界を形成している．競馬用として生産された競走馬は，競馬主催団体に馬名登録され競走馬となる．国内の競馬主催団体は日本中央競馬会および地方公共団体等の主催者の2団体に限られている．地方競馬も含めると約7000頭が競走馬として登録され，これが消費量の限界となる．競走馬という商品の特性は，国内での消費を前提とした場合，需要量の限界が指摘でき，また，価格は馬主の経済状況に規定されるという特徴をもつ．

2.1.3 競走馬生産経営の特質

以上のような競走馬という商品の特性を考慮しながら競走馬生産経営の特質をあげると，次の4点に集約される．

第1に，食料農産物ではないということである．そもそも競走馬生産は農業のうちに入るのかという議論もあるが，生産の主体が農民であり，生産手段として農地を使用しているという点で，畜産農業の範疇に含まれると規定している．1999年度に創設された国庫補助事業の馬産地再活性化緊急対策事業により競走馬生産は農業であるとの位置づけが示されたものの，食料生産ではないことがウマ生産の方向性を不明確なものとしている．

第2に，資本が重装備で多額の資金を要し，投資が大きいにもかかわらず販売が不確実である．競走馬の資質は運動＝競走能力だけではなく，気性や後の繁殖のための血統的裏付けをも含めて判断される．そのため，生産物の商品化には不確実な要素を多分に含むこととなる．

第3に，生産のサイクルが3～5年と長く，それぞれの経営または個体によって販売時期が異なる．また，競走馬生産は本交（人工授精ではない実際の交尾）が義務付けられており，不受胎・流産が多く，生産率は70～80％となっている．さらに，生産工程においては産駒への運動（初期調教）が必要であり，そこでの事故率(5%)も大きな問題となっている．となる．生産サイクルが長期であり，かつ生産管理が困難であるといえる．

第4に，継続的な資質改良が必須となる．競走馬生産の発祥の地である英国では，300余年に渡りこのような改良を続けてきた．競走馬の生産を行う限りは，資質改良の負担を常に負い続けなければならない．逆にいえば，この点こそが競走馬生産の魅力であり，欧米ではウマにかかわる人を総称して"Horse Man（ホースマン）"と呼び，一般農業と区別して独特な位置付けを行っている．

次に，このような競走馬生産経営の特質が生産から販売までの流れの中で，どのように発現しているのか，そのような経営を可能にしている要因を述べる．

2.1.4 競走馬生産サイクルの特徴

競走馬生産のサイクルを整理すると図2.1のように示される．

まず生産手段として，牧草・放牧地，繁殖雌馬，種雄馬が必要である．繁殖

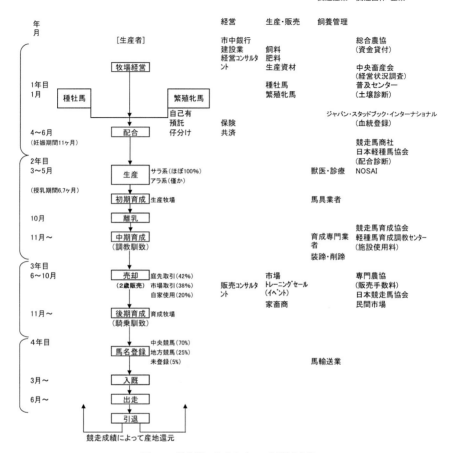

図 2.1 競走馬の生産サイクルと関連産業
右側の関連産業，関連団体は生産サイクルの時間的流れと正確には対応していない．複数にまたがり関連するものも存在する．

　雌馬は非常に高額（数百万〜数千万円）であり，一般の農家が自己馬として何頭も所有することは生産率の低さと相まってリスクをともなう．このリスクを回避するために存在しているのが仔分・預託制度である．

　仔分制度は，繁殖雌馬を所有する馬主が種付け料を支払い，生産者は土地・労働力を供給し，飼料・管理費など生産における費用を負担し，できた産駒の代金を両者が折半するか，または一定比率で分け合う生産方式である．2000年までは全体の約20%程度が仔分けであったが，近年の馬産不況のもとで，

この形態は急速に減少し，現在は10%弱となっている（日本中央競馬会「軽種馬生産に関する調査報告書」2013年，以下同じ）．

　預託制度は，繁殖雌馬を通常月々一定の預託料を取り預かる契約で，種付け料は馬主の負担となる．産駒は馬主の所有となるので，産駒の販売をすることなく一定の収入を得ることができ，仔分けよりもリスクが少なく，競走馬生産においてはもっとも安定的な収入源となる．2000年の約20%から2010年には全体の約30%を占めている．

　この二つ以外は，自己有馬としての所有である．自己有馬比率は2000年の約70%から2010年には約60%に低下している．一般に競走馬生産経営においては，経営開始の初期段階で大手の牧場から仔分けとして繁殖雌馬を預かり，経営が安定した後に買い取ったり，新規の繁殖雌馬を導入して自己有馬での経営に転換していくという流れがある．しかし近年では，経済状況の悪化と産駒価格の低下から，馬主としては仔分・預託で早い段階から産駒を所有するよりも，安価な産駒を競走用として使用する直前に購買した方が経費が節減できるため，仔分けが減少している．一方で，預託馬を牧場に預ける馬主の比率が上昇している．

　次に，この繁殖雌馬に種付けをして配合を行う．競走馬の交配は，他の畜産物と異なり，本交が義務付けられている．これは，アイルランド，英国など種雄馬資源の保有国が自国の種雄馬権益の確保のために制定した制度であり，競走馬の国際生産者会議に加盟している国はすべてこの制度に従っている．本交による種付けがなされなかった産駒はサラブレッド種として登録できない．

　競走馬生産は生産費に占める種付費の割合が高い．1996年の数字でサラ系産駒1頭あたり生産費は，日高平均（主たる生産地である日高地方の平均）683万円であり，このうち種付費が241万円と約40%近くを占めていた．2010年ではサラ系産駒1頭あたり生産費は，日高平均548万円であり，このうち種付費が214万円と同じく約4割のまま推移している．競馬に使用される競走馬は質が重視される．競走馬としての質とは血統であり，それが産駒価格に大きく反映される．そのため，血統にかかわる種付けの投資が大きくなるという傾向がある．

　日本における種雄馬の所有形態をみると，個人所有，ついでシンジケート所有，競走馬団体所有のものがある．シンジケートは種雄馬について組織される

株主の集まりのことで，多数の生産者が株をもつことによって，共同で種雄馬を所有する形態のことである．シンジケート所有種牡馬の種付け権利の売り買いの際，単年度の権利の販売をノミネーションと呼び，永年株の取引をシェアーという．シンジケート株のセールは，通常ノミネーションセールとして行われている種牡馬は非常に高額（数百万円〜数十億円）であり，1戸の農家で所有できるものではない．そこで複数の生産者で資金を出し合いシンジケートを組み，種付けの権利を所有するという形態をとっている．1頭の種牡馬の種付け権利を40〜50数株に分けて分配し，株主はその保有数に応じて，自分の繁殖牝馬に1株につき1頭，毎年無料で種付けする権利を得ることができる．すなわち1頭の種雄馬を多数の株主で所有することで，高額な種雄馬を繋用することを可能にしている．このような形態は英国で始まり，世界中の競走馬生産国で広く取り入れられている．

続いて交配が終わると，11ヵ月の受胎期間を過ごし，産駒が生産される．この間に流産・事故（約5％）などの危険をはらむ．販売は，当歳，1歳，2歳の各段階で行われる．もっとも一般的なのは1歳春の販売であり，2009年生産馬でみると，市場取引で全体の75％が1歳馬，当歳16.6％，2歳8.3％となっている．

取引形態は，庭先販売と市場販売がある．他にも仔分・預託契約から馬主に直接権利が発生するものとオーナーブリーダー形態などがあり，合わせて四つの経路が存在する．第三者販売に限ると，産駒が売却されたとき，その所有権が生産者から馬主に移転される．この後，多くの馬は育成牧場に移される．その育成費（預託料）は所有者が支払う．相場は生産牧場での預託飼養が月約9万円，育成牧場での調教馴致が月約20万円となっている．

2歳の春頃まで産地育成が施され，それ以降は厩舎の馬房の空き状況を見て順次入厩していく．その後競走馬としてデビューする．

競走馬としての成績は基本的に生産者側の経営には直接関係ない．放牧中の飼育料（月8万円程度），またレースで活躍すれば日本中央競馬会（JRA）から生産者賞が入る．生産者賞は，所有権移転後であっても当該牧場の生産馬が賞金を獲得した場合，一定割合の生産者賞が日本中央競馬会より支給される．競走のグレードや中央・地方によっても異なるが，平均すると本賞金の5％前後である．これとは別に繁殖牝馬所有者賞も交付される．これは，自己有馬で

あれば，生産牧場が受け取り，預託馬であれば，馬主が受け取ることになる．平均で4%前後となっている．

競馬引退後は，種牡馬，繁殖牝馬として産地に還元されることが多い．

2.1.5　日本の競走馬生産の特徴

世界の競走馬生産について一般には，「ヨーロッパの競走馬生産は貴族のスポーツ」，「米国の競走馬生産はブルジョアのサラブレッドビジネス」といわれている．とくに米国では，「牧場の経営は資産家の行うものであり，ましてや馬の牧場経営は（他の農業に比べ）格がさらにひとつ上として位置づけられている」という状況である（中央畜産会「アメリカ軽種馬生産の実態調査」1995年）．

日本では，規模の大小，経営形態の違いに関係なく，生産・販売が中心で，販売収入により利益をあげることが牧場経営の目的である．資産家による趣味的な牧場経営は上位層の企業経営のうち一部に存在するのみで，大部分は産駒販売を目的とした競走馬生産・販売専門牧場である．

日本の競走馬生産の大部分を占めるのは家族経営層であり，これらは，米国のベビーファーム（農家的複合経営内で競走馬生産の配合・生産部門のみ兼営）とは大きく性格が異なっている．日米両国とも上位層は企業的で多様な経営部門を抱えている．しかし，下位層をみると，米国の家族経営牧場は安定的な収入が得られる預託を経営の中心に据え，販路が不安定な販売部門は委託販売専門業者に任すことで未熟な販売技術を補っている．一方，日本の家族経営は，生産・販売の両部門をもつマーケットブリーダーとして存在している．日本の生産者は，零細な家族経営が多数を占めているにもかかわらず，投資規模が大きく，リスクの高い競走馬生産を基本的に自己経営の内部で完結しなければならないのである．

2.1.6　日本最大の馬産地：北海道日高地域

競走馬を生産している生産者は，今日では北海道（日高，胆振，十勝），東北の太平洋側，関東の一部，南九州にほぼ限定されている．これらの地域はいずれも，戦前に種馬場，御料牧場，馬市場があった旧馬産地帯であり，その伝統が戦後も続いてきた．ことさら日高については，冷涼な気候や土地制約条件，減反政策もあいまって，軽種馬生産への特化が急速に進展した．2013年，全

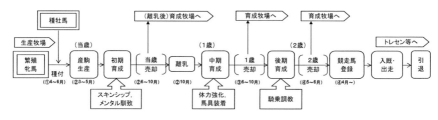

図 2.2 競走馬生産・育成過程のイメージ
①は1年目，②は2年目，③は3年目，④は4年目を表す．
出典：北海道日高振興局馬産地対策室：軽種馬生産を巡る情勢，2012年．
注：関係団体からの聞き取りおよび「優駿」平成21年11月号．

国で959戸の競走馬生産牧場があるが，そのうち実に82.8%が北海道日高地域に集中している．

2013年の生産頭数の地域分布をみると，全国6835頭のうち日高地域は5423頭（79.3%）を占めており，隣接する胆振地域1213頭（17.8%）を加えると，日本の競走馬生産の実に97.1%を占有する一大馬産地となっている．また，日本の種牡馬総数232頭のうち168頭（72.4%）が日高に集中している．

図2.2より地域間の育成馬の移動関係を説明すると，北海道から多数の生産馬（育成馬）が本州地区に流出していく．北海道の育成牧場は，当歳秋の離乳から1歳秋の騎乗・馴致前までの中期育成の割合が高い．これは，生産地である北海道では，産地育成としての機能が重視されていることを示している．逆に，本州地区では，休養調教を含めた騎乗馴致・調教（後期育成）が主要業務であり，とくにトレーニングセンター周辺の関西・関東では，休養・育成牧場が外厩的な位置付けとして多数存在している．

馬産地日高では競走馬生産に特化した産地構造が形成されている．2001年の競走馬の産出額（粗生産額）をみると全国で419億円であり，北海道では416億円，さらに日高地域では333億円となっており，日高地域は全国の79.5%を占めていた．2012年では，全国で272億円と大幅に減少した一方，北海道は端数を除くと272億円となっており，北海道がすべて占めるまで占有率が高まっている．

一方で，2006年の日高地域の農業粗生産額469億円に対する軽種馬の産出額は295億円であり，寄与率は62.9%にものぼる．日高地域は全国の競走馬産業の地域構造の面でも，域内産業的にも競走馬産地として位置付いているといえる．

さらに，競走馬産業が日高地域に特化する中で，様々な関連産業が地域内に集積しているという特徴もある．

2.1.7 競走馬の流通と取引構造

表2.1は競走馬生産先進国の1歳馬流通の状況を示している．1995年の市場への上場率，市場での売却率ともに諸外国の方が高い．また，生産馬に対する市場取引率も，日本においては諸外国の1/5以下で，日本の市場取引は極端に低位となっていた．しかし，直近の2011年の数値をみると，市場の上場率，売却率ともに諸外国並みの数値に迫っているのがわかる．これは，生産頭数が減少したこと以外にも日本の競走馬生産における市場構造改革が進展したことや，購買者（馬主）が庭先取引から透明性の高い市場取引を選好するようになったことを裏付けている．

表2.2は1995年の北米市場と日本の市場（1995年，2013年）を比較したものである．1995年を比較すると北米に比べ日本の市場は，上場頭数の少なさ，1歳市場への特化が指摘できる．平均価格を見ると，北米市場では年を重ねるごとに価格が高くなっているが，日本では1歳がもっとも安く，当歳がもっとも高い．日本においては，1990年代まで産地育成技術が未確立であったことと，良血馬は早い時期に先物的要素にて取引されていたことが背景にある．しかし，2013年の日本市場の成績をみると，1995年と比較して，当歳，1歳，2歳市場すべてにおいて，売却頭数，売却率，市場取引総額ともに上昇しているのがわかる．諸外国並みの市場取引構造が成立してきたことが伺える．中でも

表2.1 競走馬1歳馬市場上場状況の国際比較（単位：頭，%）

		前年生産頭数	上場頭数	上場率	売却頭数	上場に対する売却率	生産馬に対する市場取引率
米国	1995年	35200	9537*	27.1	7882	82.6	22.4
英国	1995年	5362	2142	39.9	1893	88.4	35.3
仏国	1995年	3272	992	30.3	700	70.6	21.4
豪州	1995年	16663	4491**	27.0	3817	85.0	22.9
日本	1995年	9750	1557	16.0	427	27.4	4.4
	2011年	7120	3685	31.8	1857	50.4	26.1

資料：JBBA，JAIRS「軽種馬統計」各年，「軽種馬生産育成対策協議会報告書」より作成．
*：キーンランド，バレッツ，Fasig-Tipton など主要市場の上場頭数．
**：売却率と売却頭数からの推定値．

表2.2 日本と北米の市場構造

北米市場　1994年生血統登録馬＝35200頭

	上場数 (率：27%)	売却頭数	売却率	価格（千円，1＄＝120円）		
				総額	最高	平均
当歳市場	2353	2000	85.0	6266765	78000	3133
1歳市場	9537	7882	82.6	29133467	150000	3697
2歳市場	4106	2961	72.1	11527680	168000	3893
合計	15996	12843	80.3	46927911	168000	3654

日本市場　1995年

区分	上場数 (率：16%)	売却頭数	売却率	価格（千円）		
				総額	最高	平均
当歳市場	75	19	25.3	324600	50000	17084
1歳市場	1557	427	27.4	2735270	42000	6406
2歳市場	16	5	31.3	40810	20000	8152
合計	1648	451	27.4	3100880	50000	6875

日本市場　2013年

区分	上場数 (率：32%)	売却頭数	売却率	価格（千円）		
				総額	最高	平均
当歳市場	278	173	62.2	5962530	252000	34465
1歳市場	2370	1401	59.1	11951940	189000	8531
2歳市場	331	199	60.1	1443865	53550	7255
合計	2979	1773	59.5	19358335	252000	−

資料：「軽種馬生産育成対策協議会報告書」，「軽種馬統計」各年より作成．
注：上場率は，表2.1より引用した1歳馬市場のみの上場率である．

1歳馬に調教・育成を施し付加価値をつけて販売する方法で2歳の春に行われるトレーニングセールは，大幅に増加している．トレーニングセールでの上場馬は，生産者が1歳時に売れ残ったものを育成牧場へ委託し，2歳で販売するものと，育成業者が1歳馬を買い取り独自に調教を施し，2歳時に販売するものとがある．後者はピンフッカーと呼ばれ，米国では一般的な販売方法であり，日本でも近年増加傾向にある．

諸外国の市場開設は，民間のセリ会社が行っており，セリ市場の回数，市場の形態なども多数存在し，多様な市場が多様な時期に開催されている．日本の競走馬セリ市場の開設は軽種馬専門農協のみが開設・運営してきたが，1997年以降，市場の開設権が他の団体にも認められ，近年，日本においても，複数の市場運営主体が設立し，市場形態も多様化しており，これが市場取引の活性

化につながっている．

　また，販売者に関しては，日本では生産者が直接，産駒を市場に上場するのが一般的であり，生産・販売が分離されていなかった．欧米では，生産者がコンサイナー（consignor：競走馬の販売委託業者）に販売を委託し，コンサイナーが上場し販売するという形態が存在する．不安定な販売部門を販売のプロに任せることで，トラブルを解消し生産のみに集中できるというメリットがある．日本の競走馬生産主産地である北海道日高地方では，このようなコンサイナーが定着しつつある．

　日本では，かつて市場取引の割合が低く，庭先取引が主流であった．庭先取引は，販売を個人で行うため，確実な販路，販売技術をもつことが重要になる．そのため，庭先販売においては購買者側が主導権を握ることになり，生産者にとって不利な契約や契約不履行が横行している状況にある．市場取引は，ごく最近まで市場主催者，市場形態ともに限定され，販売年齢は1歳市場に特化してきたが，近年，欧米と同様に市場回数，上場数，売却率ともに増加し，市場取引の位置づけが大幅に上昇している．上場に関しても生産者自身が行う形態が一般的であったが，「馬産地再活性化緊急対策事業（2009～2014年）」による競走馬の流通活性化への支援（X線写真や内視鏡映像を公開するための検査料の助成やせり上場に向けた調教・コンサイナーにかかわる預託経費の助成など）を通して，コンサイナー利用が定着しつつある．競走馬の取引構造は2000年以降の10数年の間に大きく変化したといえる．

2.1.8　日本の競走馬生産システムの特徴

　日本の競走馬生産は国内向けに生産され，消費の場は日本競馬にほぼ限られる．日本競馬は厩舎制度の存在から消費量が限定され，また馬主は零細かつ流動的であり，欧米のような大馬主はほとんど存在しない．それゆえ，日本の競走馬の販売は，日本競馬・馬主の動向に大きく左右される．

　このような日本の競走馬生産と諸外国との比較を表2.3に示す．欧米の競走馬生産は基本的に貴族などの上流層や企業のサイドビジネス的な牧場により構成されているが，日本では「農家」による家族経営の競走馬生産が圧倒的多数を占めている．リスキーな競走馬経営を自己完結的に行っていることが，販売経費を押し上げる結果となっている．

表2.3 主要軽種馬生産国の軽種馬生産の特徴

		日本	米国	欧州
競馬	競馬の性格	賭博遊戯	多種競技のうちの一つ	競技と賭博の分離
	競馬の形態	平地・サラ系に特化	多様な品種・競技	多様な品種・競技
	馬主の性格	中小規模馬主・生産者馬主	趣味的・ブルジョア的	旧貴族階層・ステータス
牧場	牧場の性格	マーケットブリーダー	ホビーファーム・ベビーファーム	英国：オーナーブリーダー
	軽種馬生産の位置付け	競走馬に特化	多様な競走馬資源・馬事文化	乗馬文化中心
家族経営	家族経営割合（%）	59.2	52.9	英国：61.8, ドイツ：97.9
	家族経営の経営部門	生産・販売	預託	生産・販売
	家族経営の安定条件	―	預託収入・副業的馬産	ドイツ：高率の助成制度

資料：日本中央競馬会国際競馬関係資料をもとに作成.

　以上のように日本の競走馬生産システムは，世界の潮流を受けながらも，独自の発展を遂げてきた．一方で，最近は時代の急速な変化にも対応できる「高度な専門技術」，「多額の資金力」，「高いリスク回避能力」が以前にも増して求められている．欧米では経営部門の分業化が進み，階層的にも分化し棲み分け構造が形成されているが，日本では多くの競走馬生産経営が欧米のトップファームと同じ経営方式を志向している．これまで，その負担を補うような制度や助成を JRA や関係機関が補完してきたが，家族経営による競走馬生産の存立を抜本的に下支えするほど機能させることは難しかったといえる．この点が日本の競走馬生産の最大の特徴であろう．　　　　　　　　　　〔小山良太〕

参 考 文 献

日高軽種馬農協（各年）：業務成績書.
北海道日高振興局馬産地対策室（2012）：軽種馬生産を巡る情勢.
小山良太（2004）：競走馬産業の形成と協同組合，日本経済評論社.
小山良太（2008）：市場形態の多様化が軽種馬関連産業に及ぼす影響―競馬の国際化と北海道日高地域の対応―. 商学論集（福島大学），77(1)：29-47.
小山良太（2009）：フランスにおける競馬制度と運営組織―フランス競馬・競走馬生産地の調査研究―. *Hippophile*, No. 38, 14-26.
日本中央競馬会（各年）：軽種馬生産に関する調査報告書―生産費調査―.
日本軽種馬協会・ジャパンスタッドブックインターナショナル（各年）：軽種馬統計.

2.2 農用馬・在来馬の生産システム

2.2.1 農用馬とは

まず，農用馬の生産について述べる前に，「農用馬」という用語についてふれておく．混同されがちであるが，農用馬＝農耕馬ではない．農耕馬は文字どおり農耕に従事するウマのことであるが，農用馬とは，現在では，主として肉畜として用いられる大型馬の総称である．元来は農耕馬とほぼ同義であったと思われるが，農耕からウマが姿を消し，肉畜（一部はばんえい（輓曳）競馬の競走馬）としての大型馬が利用されるようになって以降も「農用」という言葉だけが残ったものであろう．ウシの場合は，役牛が姿を消し，もっぱら肉畜となって以降，肉用牛や肉牛という言葉が使われるようになったが，ウマの場合はこうした用語が一般化しないまま今日に至っている．したがって，農耕馬はほぼ消失したにもかかわらず，農用馬は依然として生産されているのである．ついでにいえば，農耕馬が数多く存在した当時にあっても，農耕だけではなく，小運搬，鉱山，山林，土木作業などで，農耕以上の数のウマが使役されていたことは忘れてはならない．

農用馬は重種馬やばん（輓）系馬とよばれることもある．重種馬は馬格に着目した大型馬の総称であり，ばん系馬とはばんえい（輓曳）用のウマという意味で，使用方法に着目した呼称である．品種的には，ペルシュロン，ブルトン，ベルジャンといった大型の品種とそれらの交雑種であるが，日本で生産されている農用馬は多くが交雑種（現在は日本ばん系種と称される）である．

2.2.2 農用馬の生産

軽種馬と同様，農用馬の生産においても，北海道が大きな比率を占めている．たとえば，2013年の農用馬の全国の生産頭数は1378頭で，その87％に相当する1197頭が北海道産である．そこで，ここでは主として北海道における農用馬の生産について述べる．

北海道では1950年代前半に牽引力に優れた十勝ペル（主として十勝地方で生産されていたペルシュロン系の大型馬）による深耕用双輪プラウ（車輪が二つついた畜力を利用する犂）が開発され，1950年代後半には畜力作業体系の

ピークを迎えた（岩崎，2012）．また，冬山造材や土地改良作業などにおいても，強力な牽引力をもつウマが求められていた．冬山造材におけるウマの利用は1970年代半ば頃までは行われていた．

　産業現場でのウマの利用が衰退するにともない，農用馬の生産も減少を続けたが，1970年代末には逆に増加に転じる．これは，肉畜としての利用とばんえい競馬の興隆による．

　1960年代末から1980年代にかけ，ばんえい競馬の馬券売得金額が大きく増大し，それにともなって競走馬に対する報償金（賞金および出走手当など）の額が大きく引き上げられ，競走馬の価格が高騰する．ばんえい競馬の競走馬の需要は年間200頭程度であるから，生産頭数に占める割合はわずかなのであるが，競走馬用に売れれば肉素馬として販売するよりもはるかに高額で取り引きされる．うまく売れれば大きな収入を得られるし，競走馬用に売れなくても，肉用に販売しても損はしないという状況が生まれ，農用馬の生産は増加に転じたのである．

　ばんえい競馬が生産のインセンティブとなったのは，伝統的に馬力大会が盛んな東北地方でも同様だった．現在ではかなり少なくはなったが，かつては東北地方でもばんえい競馬の競走馬が生産されたし，愛馬を連れて北海道の競馬場を転戦した馬主もあったという（内田，1978）．余談になるが，こうした背景があるため，現在のばんえい競馬の騎手・調教師のなかには東北地方の出身者が何人もいる．

　ちなみに，ばんえい競馬とは無縁の九州ではもっぱら馬肉需要が農用馬生産のインセンティブとなっている．馬肉の需要は過去何度かブーム的に拡大することがあり，この馬肉需要の動向で生産頭数は変動する．

　しかし，図2.3に示したように，農用馬の生産頭数は1983年をピークに減少に転じる．これは，1980年代半ば以降の景気低迷で，馬肉需要の減退による価格低迷と，ばんえい競馬の馬券売得金額の不振によると思われる．ただ，この生産の減少傾向は長くは続かず，1980年代末にはバブル景気で馬肉需要・ばんえい競馬の馬券売得金額も大きく増大し，それにともない農用馬の生産頭数は再度増大に転じ，1994年には8097頭にまで増加した．

　その後，バブル崩壊で，馬肉需要もばんえい競馬の馬券売得金額も長期にわたる減少を続け，2013年にはピーク時の2割に満たない1378頭にまで減少し

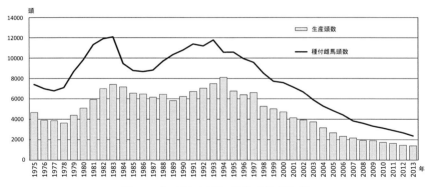

図 2.3 農用馬生産頭数の推移（馬関係資料）
1989 年までは在来馬・ポニー・乗用馬を含むが，頭数の 9 割近くが農用馬であると思われる．

表 2.4 農用馬生産の分布

県	生産頭数（頭）			変化率（％）
	1995 年	2005 年	2013 年	2013 年/1995 年
北海道	5692	2395	1197	21.0
青森県	133	36	21	15.8
岩手県	299	81	31	10.3
福島県	14	–	–	–
島根県	58	35	21	36.2
長崎県	15	8	–	–
熊本県	202	70	90	44.6
宮崎県	218	26	18	8.3
鹿児島県	17	–	–	–
沖縄県	88	–	–	–
その他	22	4	–	–
計	6758	2655	1378	20.4

出典：農林水産省「馬関係資料」

ている．

　これを産地別にみたのが表 2.4 である．生産頭数がほぼピークにあった 1995 年と 2013 年を比較すると，主産地北海道では 2013 年の生産頭数は 1995 年の約 2 割にまで落ち込んでいるが，北海道以外の産地ではさらに大幅な減少を示しているところが目立つ．

2.2.3　農用馬生産の現状

　農用馬の生産頭数の減少は，直接的には需要の低迷によるが，担い手の変化

も見逃せない．並外れたウマ好きという意味のヒポファイル (hippophile) という言葉があるように，洋の東西を問わず，ウマという家畜は飼養者が強い思い入れを抱きやすい動物のようである．

　北海道や東北では（おそらく南九州でも），かつて農家には必ずウマが飼養されており，家族の一員とでもいうべき位置づけにあった．そうした時代をウマとともに生きた人々のなかにはウマに強い愛着を抱き，ウマの飼養に強い情熱を保ってきた人が多い．

　しかし，ウマとともに働いた経験をもつ人は高齢化し，現在の農家の経営主の多くは，せいぜい子供の頃には家にウマがいたという記憶程度の世代に移行している．残念ながら，資料的な裏付けはないが，爺ちゃんがウマ好きで農用馬を2〜3頭飼養しているという農家も多いようである．こうした農家ではウマを飼養している高齢者がウマの飼養をやめると，ウマの生産はそこで終わるということも多い．

　なかには大型の農用馬を飼養するのは体力的にきつくなったが，それでもウマは飼いたいという人もいる．こうした人のなかには北海道和種やポニーといった小格馬を飼養することもある．

　こうした事情からか，ばんえい競馬とは別に北海道内ではばん馬大会（いわゆる草ばん馬）が各地で開催されているが，近年では，農用馬によるレースではなく，ポニーばん馬が過半を占めていることも多い．

　日高地方の軽種馬生産も1960年代初頭はまだ主流は複合・副業的であったが，1970年代に入ると，競馬の興隆と減反政策を背景に，専業的経営が生まれ，軽種馬生産は専業的経営によって担われるようになった（岩崎，2012）．

　これに対して，農用馬の生産では，専業的な生産牧場は例外的な存在にとどまり，今日もなお複合・副業的に行われているのが一般的である．主業的に農用馬生産を行っている場合でも，和牛や酪農など他の畜種を飼養したり，畑作を営んだりしており，農業経営をすべて農用馬生産に依存していることはまれである．

　また，同じ北海道でも，サラブレッドの生産が日高・胆振両地方に集中しているのに対して，農用馬の生産は全道に分布している．少し古いデータではあるが，北海道農政部の調べによる2011年2月1日現在の農用馬の飼養状況をみると，北海道全体では農用馬の繁殖雌馬を飼養している農家は550戸，そこ

表 2.5 農用馬繁殖雌馬飼養戸数・飼養頭数（2011 年 2 月 1 日現在）

地区	戸数		頭数		頭/戸
	実数（戸）	比率（%）	実数（頭）	比率（%）	
空知	9	1.6	61	2.2	6.8
石狩	4	0.7	10	0.4	2.5
後志	6	1.1	43	1.6	7.2
胆振	34	6.2	75	2.7	2.2
日高	35	6.4	156	5.7	4.5
渡島	22	4.0	131	4.8	6.0
檜山	28	5.1	110	4.0	3.9
上川	29	5.3	104	3.8	3.6
留萌	2	0.4	10	0.4	5.0
宗谷	5	0.9	16	0.6	3.2
オホーツク	45	8.2	203	7.4	4.5
十勝	145	26.4	689	25.1	4.8
釧路	137	24.9	870	31.7	6.4
根室	49	8.9	266	9.7	5.4
計	550	100.0	2744	100.0	5.0

出典：北海道調べ
注：北海道が道内 179 市町村の協力で実施した調査結果であり，農林水産省が実施する統計調査の数値等とは一致しない．

で飼養されている繁殖雌馬は 2744 頭である．十勝・釧路・根室・オホーツクの道東地方に多いとはいえ，この四つの地区の合計でも，繁殖雌馬飼養戸数は全道の 68%，繁殖雌馬の頭数も全道の 73% にすぎない（表 2.5）．なお，日高・胆振の軽種馬生産地帯で飼養されている繁殖雌馬は軽種馬の乳母馬としての利用も多い．飼養農家は出産した繁殖雌馬を乳母馬として軽種馬農家に貸し出し，産駒は人工乳で肥育し販売する．

複合・副業的（あるいは趣味的）性格に加え，農用馬の飼養管理方式も一様ではない．この点も軽種馬生産とは大きく異なる．

飼養管理の方式は，あえて大別すると，舎飼中心の方式と，放牧中心の方式に分かれる．前者は十勝などの畑作地帯に多く，後者は酪農・畜産地帯である釧路・根室に多い．

農業の機械化以前に中心であったのは役繁兼業といわれる形態で，水田農家や畑作農家が自家で農耕と厩肥生産のために雌馬を飼養し，その雌馬に種付けして生まれた子馬は販売するというものである．

機械化によってウマが農耕に使われなくなると，こうした農家の大部分はウ

マの飼養をやめたが，一部の農家は，肉用素馬として，もしくはばんえい競馬の競走馬として繁殖雌馬の飼養を続けた．畑作が中心の十勝地方ではこうしたかたちでの生産者が多い．これが舎飼方式の農用馬生産である．

一方，山林や原野が多く，農耕地帯ではなかった釧路や根室地方では，古くから山林・原野で粗放的な放牧によるウマの生産が行われてきた．この方式による農用馬生産を行っている農家の事例を紹介する．

a. 事例1：放牧

釧路市阿寒地区のA氏（63歳）は，農業経営の中心は酪農で搾乳牛70頭を家族労働3人で飼養している．供用している農用馬の繁殖雌馬は6頭である．ウマの飼養はA氏の父の代から行ってきたが，数年前から搾乳牛を減らし，農用馬の頭数を増やした．A氏によると，自分が年をとってきたため酪農作業がきつくなり，手のかからないウマに一部転換したのだというが，今でも経営の中心は酪農であり，ウマからの所得は農業経営全体の1割くらいであるという．

分娩時に利用する建物が1棟あるが，ウマを1頭ずつ収容するような厩舎はない．生まれた子馬も繁殖雌馬も原則的に周年・昼夜放牧されている．A氏の放牧地には製紙会社が所有する山林が隣接しており，ここもA氏が放牧地として借用している．搾乳牛の頭数を減らした分余剰となった牧草地も放牧地として利用している．放牧地内には小川が流れており，水も給与する必要がない．舎飼に比べて運動量も豊富なので産駒の生育状態もいいという．

出産は3～6月末であるが，繁殖雌馬が出産後に青草を摂取できるよう，出産時期が雪解けが十分進んだ時期になるように種付けを行い，繁殖用に残す雌の子馬以外は年末までに市場で販売する．

A氏はばんえい競馬にはほとんど興味がないようで，これまでも競走馬になったウマは1～2頭だったという．そのため，種付けする種雄馬も様々な種雄馬を試したりしないし，競走馬づくりを意識した血統は考慮していない．

購入飼料は分娩時に栄養補給のためにカルシウムやビタミン剤を投与するくらいであるという．乳牛を減らしたために余剰になった自家生産の牧草や栄養価が低く乳牛に向かない二番草が飼料として利用されている．

種付け料は1頭あたり5～6万円で，厳密な試算はしていないものの，産駒の販売価格は1頭あたり20万円が最低線の目安だという．実際には，これま

でもっとも安かったときでも1頭22万円程度で，もっとも高かったのが58万円であったから，ウマの生産で損をしたことはない．

b. 事例2：競走馬生産も意識した農用馬生産

A氏は競走馬生産をまったく意識しない農用馬生産であるが，同じように周年放牧をしつつ，競走馬生産も意識しながら農用馬の生産を行っている生産者もいる．次に紹介するB氏はこうしたタイプの農用馬生産である．

B氏は同じ釧路地方でも根室地域に隣接する浜中町で農用馬生産を行っている．B氏は農用馬以外に，和牛（繁殖雌牛30頭）と北海道和種馬（どさんこ，繁殖雌馬10頭）を飼養している．農用馬の繁殖雌馬，15年くらい前からそれまで7〜8頭であった繁殖雌馬を増やし，近年では17〜18頭になっている．

浜中町は酪農地帯であり，かつては木材の生産も盛んであった．コンブなどを中心に漁業も盛んな地域で，コンブの乾燥作業においてもかつてはウマが大活躍していたという．

B氏の場合も，出産期に2カ月程度舎飼する以外は，基本的に周年昼夜放牧である．A氏の場合は当歳馬での販売が基本であるのに対して，B氏の場合は1歳馬での販売を基本としている．

B氏はばんえい競走馬も意識した生産を行っている．一時期やめていたが，5〜6年前から再び馬主として生産馬を出走させるようになった．近年のばんえい競馬は報償金がきわめて低い水準にあるため，馬主としての利益はほとんど期待できないので，あくまでも趣味であるという．

農用馬の種付けは軽種馬と異なり，種雄馬を繁殖雌馬の繋養場所に連れていって行うことが多いが，競走馬としての期待が高い種雄馬の場合は軽種馬と同様，種雄馬のところに繁殖雌馬を連れていくこともある．B氏の場合も，2013年の種付けでは十勝の音更まで行って種付けを行った雌馬もいる．

種付けの段階から競走馬用に期待している場合もあるし，そうでない場合もあるようだが，あまり期待をかけていなくても競走馬用に売れることもある．逆に，競走馬生産を意識し，血統を考慮し，相対的に高い種付け料（10万円程度）を支払って生まれた産駒でも，馬格や成長度合をみて肉用に仕向けることも多々ある．

競走用に販売される場合は庭先で販売されることが多く，この場合は市場での相場より10万円くらい高く売れることが多いようである．ちなみに，ばん

えい競馬が興隆をきわめた時期の家畜市場では，馬主が競走用に競り落としたウマと食肉業者が競り落としたウマでは大きな価格差があったが，現在では馬主が食肉業者に競り負けることも少なくないといわれる．

競走用に販売された1歳馬は育成業者によって育成と訓練が行われ，その後帯広競馬場の厩舎に入り能力検定を受けることになる．

肉用・競走馬用の選別は1歳の夏頃までに行われ，B氏自身が競走馬として使う場合は10月以降舎飼する．これはともかく体を大きくするためであるという．そして年末までに帯広競馬場の厩舎に入厩し，翌年4月上旬から始まる能力検定に向けて訓練が行われ，能力検定に合格し晴れて競走馬としてデビューすることになる．

1歳冬の段階でコスト的には35万円程度が採算点だとのことだが，2012年頃から相場が上昇し，2013年には70〜80万円で販売されたため，農用馬生産は比較的利益率の高いものとなっている．

c. 事例3：集約的な飼養方式

A氏・B氏は粗放的な飼養を行っている事例であるが，次に紹介するC氏はA氏・B氏に比べると集約的な飼養方式である．

C氏は十勝の愛国で和牛と農用馬の繁殖を行っている．繁殖用和牛は約20頭，繁殖雌馬は20頭で，ウマの飼養頭数はA氏・B氏よりも多い．

近隣は畑作地帯で，C氏の父の代（約40年以前）には畑作地であったところを牧草地として利用している．ここでも周年・昼夜放牧が行われているが，かつては舎飼が中心であったため，古い個別収容の厩舎も残されており，現在は分娩期の雌馬が収容されている．

以前は，朝放牧し，夜厩舎に戻すという舎飼で飼養していたが，7〜8年前から冬期間でも終日放牧という方式に転換した．昔に比べると，冬季が暖かくなり，地中まで凍結することがなくなったこともこの方式が可能となった理由のひとつだという．

表2.5に示したように，1戸あたりの繁殖雌馬飼養頭数は釧路に比べると少ない．これは釧路地方が粗放的に多頭数飼養する農家が多いのに対して，十勝は舎飼で2〜3頭を飼養している農家が多いためであるが，C氏によると，こうした小頭数の舎飼タイプの農家は廃業が続いているという．

C氏は比較的大規模な農用馬生産者であるが，それでも農家所得からすると，

和牛の方がややまさっているという．2～3頭程度の規模では副業的というより，趣味的ないしは高齢者の小遣い稼ぎ的というべき位置づけであろう．

C氏もばんえい競走馬を意識した生産を行っている．釧路・根室に比べると，十勝はばんえい競馬が開催されている帯広に近いことから，多くの生産者がばんえい競走馬を意識した生産を行っており，ばんえい競馬の存在が生産のインセンティブとなっていることは否定しがたい．趣味的な生産を行っている生産者はとくにその傾向が強いと思われる．

2.2.4　在来馬の生産

最後に，在来馬の生産について述べる．日本には8種の在来馬がいる．その多くは一度は絶滅しかけたものをそれぞれの保存団体が復活させたものである．馬事協会の調べによると，2013年の飼養頭数は8種合計で1879頭であるが，そのうち1256頭が北海道和種（ドサンコ）である．ただし，この数値は保存地域のみの頭数なので，実際はもう少し多いかもしれない．

ドサンコ以外の在来馬は，いずれも地元地域で，観光資源として利用されるか，乗馬などで利用されるかであり，文化的・歴史的意義は大きいものの，ウマそれ自体に産業的な意味はあまりないのが現状であろう．木曽馬をはじめドサンコ以外の在来馬は，いずれも保存を目的として，それぞれの保存協会が中心に生産が行われている．

そのなかで唯一ドサンコはかろうじて産業的な意義を保っている品種といえるかもしれない．とはいえ，その生産頭数はこの十数年大きく減少している（図2.4）．数量的にみると，ドサンコの主要な用途はかつては馬肉であった．大型の農用馬は当然のことながらロットが大きく，消費できるのは馬肉の大消費地である熊本しかなかった（長野や福島などでは軽種が利用されている）のに対して，肉質に優れ，小格であるがゆえにロットの小さいドサンコは使い勝手がよかったのである．

産業動力として利用されたウマがその使命を終えた後，肉畜として飼養されるようになったという点では農用馬も同様である．また，その生産が専業的に行われるケースは少なく，ウマの飼養に愛着をもつ世代が高齢化していくにしたがって，その生産も減少してきたと思われる点も同様である．

現在，十数頭規模で繁殖雌馬を飼養し，ある程度事業的にドサンコの生産を

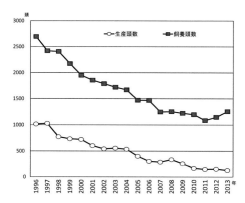

図 2.4 北海道和種馬の飼養頭数と生産頭数の推移
（馬関係資料）

　行っている生産者は，おそらく全道でも10に満たないであろう．

　ただ，まだ，はっきりした傾向として統計数値に表れているわけではないものの，スポーツ流鏑馬の発展や，初心者でも可能なホーストレッキング用馬などに，ドサンコの新たな需要が生まれ，ドサンコの生産頭数減には歯止めがかかったかにもみえる． 〔古林英一〕

参 考 文 献

農政調査委員会（1983）：農用馬生産の基本方向に関する調査研究，農政調査委員会．
岩崎　徹（2012）：戦後における北海道馬産の歴史（上），札幌大学・経済と経営，**43**(1)：83-108．
内田靖夫（1978）：ばんえいまんがどくほん，北海道市営競馬組合．

3. ウマの栄養

3.1 ウマの消化の特徴

3.1.1 消化管の形態と特徴

　ウマは草食動物であり，繊維分解能を有する微生物を消化管内にもつことによって，植物由来の繊維成分を消化し，得られる発酵産物をエネルギー源として生きている．どの消化管部位を微生物が生息できる発酵槽に発達させたかにより，草食動物はいくつかに分類することができるが，ウマは，ウシに代表される胃を発達させた反芻動物とは異なり，小腸以降の消化管部位，すなわち盲腸および結腸（後腸）を特異的に発達させた後腸発酵動物に分類される．後腸発酵動物はさらにいくつかのタイプに分類することができ，ウサギに代表される盲腸のみを特異的に発達させた盲腸発酵動物や結腸を発達させた結腸発酵動物があり，ウマは後者に分類される．ウマは結腸をもっとも発達させているが，それに加え盲腸も同様に発達させており，盲腸と結腸を発酵槽として発達させている．このような草食動物はめずらしく，ウマのほかにゾウやサイなどがいる（Stevens and Hume, 1998）．

　ウマの消化管は，口腔，食道，胃，小腸（十二指腸，空腸，回腸），盲腸，腹側結腸，背側結腸，小結腸，直腸から構成される（図3.1）．成馬のサラブレッド種ウマにおいて，胃の組織重量はおよそ1.8 kg程度であり，その内容物重量は自由採食時において原物でおよそ8.7 kg程度である（表3.1）．小腸の組織重量は8 kg程度であり，その長さは20 m以上にも達するが，内容物量はそれほど多くなく，原物で9.4 kgほどである．ウマの盲腸は，他の動物種と同様に袋状の形態を示すが，大きく発達しており，長さは0.85（0.8～1.0）m，内容物量は14.2 kg程度である．結腸はウマの消化管の中でもっとも大き

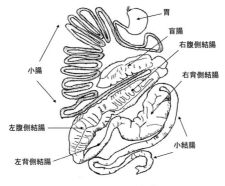

図 3.1 ウマの消化管

表 3.1 成馬のサラブレッド種における消化管重量，長さ，内容物重量（自由採食時）

	組織重量 (kg)	組織長 (m)	内容物重量 (kg)		
			原物	乾物	水分
胃	1.85	–	8.7	1.1	7.6
小腸	8.23	22.73	9.4	0.5	9.0
盲腸	3.66	0.85	14.2	0.8	13.3
腹側結腸	5.07	1.91	21.1	2.1	19.0
背側結腸					
左背側結腸	0.87	0.60	3.8	0.3	3.5
右背側結腸	2.75	0.95	8.4	0.7	7.6
小結腸	4.32	3.76	6.3	0.9	5.4

な部位であり，骨盤湾曲を境に腹側結腸と背側結腸に分けられる．腹側結腸は，長さが 2 m 弱，組織重量が 5 kg，内容物量は 21.1（15～30）kg である．背側結腸は，細長い形態の左背側結腸と胃のように膨らんだ形態の右背側結腸に分けられ，これらの組織重量は，0.9 kg および 2.6 kg，内容物量は 4 kg および 8 kg 程度である．背側結腸に続く消化管は小結腸となり，長さは 3～4 m ほどで，内容物重量は 6.3 kg である．消化管の形態や内容物量から判断すると，ウマの消化管の中でもっとも発達した器官は，腹側結腸であり，ついで盲腸，右背側結腸となる．

各消化管部位での内容物の平均滞留時間について（図 3.2）は，腹側結腸がもっとも長く，10 時間程度滞留している．ついで小結腸（4.9 時間），右背側結腸（4.0 時間）となり，盲腸の平均滞留時間は，意外と短く，3.2 時間程度となる．また，後腸以前の胃および小腸の滞留時間は非常に短く，自由採食さ

せたウマの場合，採食後3時間程度で内容物はこれらの器官を通過し，後腸に達してしまう．ウマの全消化管での内容物の平均滞留時間は20〜30時間程度であり，これは同じ結腸発酵動物であるゾウなどと同等のものである．これらウマに代表される結腸発酵動物の内容物滞留時間は，他の草食動物に比べ著しく短いものとなっている．

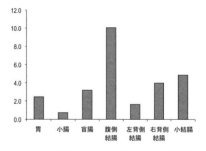

図3.2 成馬サラブレッド種における消化管内の内容物滞留時間（h）

3.1.2 栄養素の消化

ウマが利用できる栄養素には，炭水化物，タンパク質および脂質があり，それぞれで消化される消化管部位は異なる．

炭水化物はおもに穀実由来のデンプン・糖と牧草等粗飼料由来となる繊維質に分けられる．繊維質はセルロース，ヘミセルロースおよびリグニンから構成される．

デンプンや糖は，エネルギー価がとても高いため，運動を行うウマにおいては必要不可欠な栄養素である．これらは消化速度がとても速い．デンプンは摂取直後の胃および小腸において消化され，小腸でグルコース等の単糖類として吸収されることが主である．また，胃や小腸で消化吸収されなかったデンプンは後腸へ流入し生息する微生物により消化され，プロピオン酸を主とした揮発性脂肪酸として吸収される．さらに後腸内の繊維分解等を行う微生物にもエネルギー源として供給される．しかし，過剰にデンプン等，易分解性炭水化物が後腸内へ流入すると，後腸内が乳酸過剰となり酸性化し，後腸アシドーシスを引き起こす危険性もある．前述したようにウマの胃および小腸の内容物滞留時間は短いため，過剰なデンプン源飼料の給与は禁物である．デンプンを主成分とする穀実の消化速度は穀実種や加工処理法により異なる．一般的に穀実種ではエンバクの消化が速く，コムギ，オオムギ，トウモロコシ，ソルガムの順に消化速度が遅くなる．また，穀実の消化を高めるために蒸気圧ぺん処理や粉砕処理，挽割り処理等の加工処理法がある．

繊維質は，デンプンに比べて消化速度が遅いうえ，エネルギー価も低いが，

粗飼料由来の繊維質は，ウマにとって必要不可欠な栄養素である．繊維質は，ウマ自身のもつ消化酵素ではほとんど消化することはできない．しかし，後腸内で生息している微生物により消化され，おもに酢酸やプロピオン酸等の揮発性脂肪酸として吸収され，これらはエネルギー源として利用される．また，後腸内で吸収された揮発性脂肪酸のうちプロピオン酸は糖新生にも利用され，グルコースとして動物に供給される．繊維分解能をもつ微生物は後腸内のどの部位にも生息するが，繊維質を消化している部位はおもに盲腸と腹側結腸である．背側結腸においても，繊維分解能をもつ微生物が生息し，内容物滞留時間もそれなりにある貯留槽となっているが，ほとんど繊維質を消化していない．ウマの飼養管理方法や給与飼料によっても異なるが，ウマの繊維質の消化率はおおよそ20～60%程度であり，これはウシ等の反芻動物よりもはるかに低い．これは，ウマが反芻動物のように反芻咀嚼を行わないことに加え，発酵槽での内容物滞留時間が非常に短いことに起因している．

　タンパク質は，筋肉の合成や体維持に用いられる重要な栄養素である．ウマは摂取したタンパク質を小腸において消化酵素により消化し，アミノ酸やオリゴペプチドとして吸収する．また添加飼料としても用いられる尿素等の非タンパク態窒素も小腸において吸収されるが，吸収された非タンパク態窒素のほとんどは尿素として尿中に排泄される．また，吸収された非タンパク態窒素の一部は回腸や背側結腸に再分泌されることが示唆されているが，その意義については明確になっていない．反芻動物において顕著なリサイクル窒素の利用については，ウマではそれほど活用できていないと考えられている．一方，小腸での消化・吸収を免れたタンパク質は後腸へ流入し，生息する微生物によりアンモニアと有機酸に分解される．産出されたアンモニアのほとんどは後腸内で吸収されるが，一部は微生物体合成に用いられ，タンパク質が合成され再利用される．微生物態タンパク質の詳細な動態についてはあまり明らかになっていないが，一部はアミノ酸にまで分解され，吸収されている．吸収されたアミノ酸は筋組織等に到達し，タンパク質に合成される．また，一部のアミノ酸は糖新生にも用いられ，グルコースとして動物に供給されることもある．なお，ウマに給与するタンパク質源の飼料としては，濃厚飼料では大豆粕，アマニ粕，綿実粕等，搾油粕が利用され，粗飼料ではアルファルファに代表されるマメ科牧草が利用されている．

脂質はエネルギー価がきわめて高く，ウマにエネルギー源飼料として利用されている．おもに小腸で消化吸収される．ウマには穀実等高エネルギーのデンプン源がよく給与されているが，前述したように，エネルギー供給量を増やすためこれらを多給すると後腸内アシドーシスを引き起こす可能性がある．このような事態を避けるため，高エネルギーの脂質の代替給与が行われる．飼料源としてはコーン油や大豆油，アマニ油等の植物油が利用されている．これら植物油はおもにトリグリセリドから構成されており，消化率は高い．

3.1.3 消化に及ぼす要因

ウマによる栄養素の消化率（摂取したものが消化管内で消化される割合）は，飼養管理方法や給与飼料等により大きく変動する．これは，ウマに限ったことではなく，他の草食動物においても同様のことがいえる．ウマの飼養管理，給与飼料ならびに給餌方法等と消化率の関係は比較的多くの研究がなされており，本項においては，これらの概要について記述する．

前述したように，ウマは草食動物であり，牧草等の粗飼料を摂取しなければ生きていけない．この粗飼料の中にはイネ科やマメ科などの数多くの牧草種があり，それぞれで，飼料の化学成分が異なり，ウマによる消化率も同様に異なる．「どの牧草種の消化率が高い，あるいは低い」といったことは明言できないが，粗剛な繊維質が多いものほど，消化率は低くなる．どの牧草種も一番刈り草から，再生草を利用する二～四番刈り草程度まで利用されるが，いずれの番草においても早刈りの草の方が消化率は高い．

粗飼料については，調製方法により異なるいくつかの飼料形態がある．放牧あるいは刈取りで利用される「生草」，刈取り後乾燥調製する「乾草」，刈取り後1, 2日程度予乾し，ラップフィルムで巻く等して嫌気状態にして発酵調製する「サイレージ」などがある．一般的には貯蔵や流通に適している乾草で用いるのが主である．乾草やサイレージでは調製過程（乾燥や発酵）によりエネルギーロスが生じるため，これらの栄養価は生草のものより低くなる．消化率も同様である．サイレージ調製を施すと，可溶性の窒素（タンパク質）含量が増えるが，同一草であれば，乾草との間に消化率に大きな違いは認められない．また，不良発酵さえ起こさなければウマの嗜好性についても乾草と大差は認められない．

発育途上，妊娠，授乳，使役，競走等，エネルギー要求量が高いウマについては，粗飼料のみならず，濃厚飼料の給与が求められる．併給する濃厚飼料の種類や量によって消化率，とくに繊維成分の消化率は変動することが知られている．

　エネルギー補助を目的としたデンプン源穀実を併給する場合，多給しない限り繊維成分の消化率が変動することはない．しかし，極端に多給すると繊維成分の消化率は著しく低下する．これは，反芻動物での「デンプン減退」と同様の機序である．すなわち多給により胃や小腸で消化されなかったデンプンが過剰に発酵槽である後腸へ流入し，そのことにより，後腸内の乳酸菌が過度に増殖し，乳酸濃度の上昇とpHの低下を招き，繊維分解菌やプロトゾア数が減少して，その結果繊維消化率を低下させてしまうものである．

　デンプン源穀実の給与は，その給与量だけでなく，穀実品種や加工処理によって消化率は変動する．一般的に分解速度の速いものほど消化率は高まる傾向がある．穀実の加工処理はウマの消化率や栄養素の利用に大きなインパクトを与える．デンプンは，摂取から小腸に到達するまでに利用されるのか，それとも後腸において利用されるのか，利用される消化管部位によって利用効率が大きく異なるが，ウマでは胃や小腸において利用することが重要となる．穀実の加工処理法は様々あるが，破砕や粉砕の程度が大きく，細かくなるほど，また，膨潤化や糊化したものほど消化速度や消化率は高まり，小腸での利用が高まる．

　デンプン源穀実と同様にエネルギー補助を目的として脂質が利用される．脂質を併給する場合，多給するとタンパク質や繊維消化に影響する可能性がある．近年Sales and Homolka（2011）によるメタ解析では，脂質併給により繊維質やタンパク質の消化率が明確に低下することはないことが報告されている．しかし，脂質併給により消化率が高まるという報告と，低下するあるいは変化しないという真逆の報告がいくつかなされている．この変動要因の解明については，脂質の種類や飼養管理の条件等，さらなる解析が必要である．

　粗飼料にマメ科牧草を利用せずイネ科牧草等の低タンパク質の飼料を利用する場合，大豆粕等の高タンパク質の濃厚飼料を併給する必要がある．市販されているタンパク質源の濃厚飼料は比較的分解速度が速いため，このようなタンパク質源飼料を併給するとタンパク質そのものの消化率は向上する．一方，繊維成分の消化率には大きな影響はない．タンパク質源飼料を併給することに

よって，後腸に生息する繊維分解能をもつ微生物への窒素源の供給，さらに微生物増殖と繊維成分消化の向上が期待されるが，このようなポジティブな効果は顕著に認められないようである．

上述してきたように，給与飼料の種類によって消化率は大きく変動する．このような給与飼料の種類の影響に加え，給与量や給与方法等によっても消化率に影響を与える場合がある．

ウマの場合，反芻動物とは異なり，反芻胃のような巨大な貯留槽をもたない．そのため，採食する飼料が増えれば増えるほど，消化管内の内容物は下部消化管へ押し出され，早く糞へと排出される．すなわち，採食量の増加にともない，消化管内の内容物滞留時間は短縮される．消化管，とくに発酵槽内での内容物滞留時間と消化率は密接に関係しているため，ウマでは採食量の増加にともない，消化管内での内容物滞留時間が短縮され，消化率が低下することが危惧される．しかし，給与飼料として粗飼料のみを給与した場合（Pearson et al., 2001）および濃厚飼料を併給した場合（Martin-Rosset et al., 1990；Todd et al., 1995）においても，飼料摂取量が変動しても繊維消化率には差はみられない．一方，近年，Ragnarsson and Lindberg（2010）ならびにMiyaji et al.（2011）の報告で，出穂始めや出穂前の早刈りのイネ科牧草においては，採食量の増加にともない消化率が低下することが示された．早刈りの牧草のような，易分解性の成分が多い飼料では，採食量が顕著に消化率へと影響し，さらには飼料の栄養価値にも影響を及ぼすことが示唆されている．また，Miyaji et al.（2014）の報告によれば，この採食量の増加にともなう消化率の低下の機序は，単純に消化管内の内容物の滞留時間の短縮によるものではなく，内容物の盲腸バイパス機構が働くことによることが示唆されている．具体的には，ウマは採食量を増加させたとき，小腸から盲腸へ流入させる内容物量を減らし，直接，結腸へ流入させる内容物量を増加させ，消化管内容物を速く下部消化管へと流出させようとする．それゆえ，採食量が増加することで一つ目の発酵槽である盲腸をバイパスさせることにより盲腸での消化作用を受けない内容物が増加し，全消化管での消化率が低下してしまうのである．このような消化システムをもつのは，ウマが盲腸と結腸の双方を貯留槽として発達させた結果によるものであろう．これらの点からウマはエネルギー獲得の手段として消化よりも採食量に依存した動物種であることを窺わせる．

また，日内でもこの盲腸バイパス量が変動することが示唆されており，ウマが採食していないときに比べ採食時の方がバイパス量は増える．したがって，採食頻度つまり1日での飼料給与頻度によっても消化率に影響が出る可能性がある．しかし，Houpt et al.（1988）およびTodd et al.（1995）によれば，飼料の給与頻度は消化率に影響を及ぼさないことが報告されており，現段階では，ウマにおいて飼料の給与頻度と消化率に明確な関係は認められていない．

以上のように，ウマにおいて消化に及ぼす要因は数多く認められる．それらの要因は，反芻動物等のほかの草食動物と同様のものもあれば，ウマ独自のものもある．ウマは草原等で走ることに特化して進化してきた動物種であり，他の草食動物にはあまり見られないユニークな消化管形態を発達させている．それゆえ，消化システムや消化に及ぼす要因もウマ独自のものがあると思われる．

〔宮地　慎〕

参 考 文 献

Houpt, K. A., Perry, P. J., Hintz, H. F., Houpt, T. R. (1988)：Effect of meal frequency on fluid balance and behavior of ponies. *Physiol. Behav.*, **42**：401-407.

Martin-Rosset, W., Doreau, M., Boulot, S., Miraglia, N. (1990)：Influence of level of feeding and physiological state on diet digestibility in light and heavy breed horses. *Livest. Prod. Sci.*, **25**：257-264.

Miyaji, M., Ueda, K., Hata, H., Kondo, S. (2011)：Effects of quality and physical form of hay on mean retention time of digesta and total tract digestibility in horses. *Anim. Feed Sci. Technol.*, **165**：61-67.

Miyaji, M., Ueda, K., Hata, H., Kondo, S. (2014)：Effect of grass hay intake on fiber digestion and digesta retention time in the hindgut of horses. *J. Anim. Sci.*, **92**：1574-1581.

日本中央競馬会競走馬総合研究所編（2004）：軽種馬飼養標準，2004年版，アニマル・メディア社.

Pearson, R. A., Archibald, R. F., Muirhead, R. H. (2001)：The effect of forage quality and level of feeding on digestibility and gastrointestinal transit time of oat straw and alfalfa given to ponies and donkeys. *Br. J. Nutr.*, **85**：599-606.

Ragnarsson, S., Lindberg, J. E. (2010)：Impact of feeding level on digestibility of a haylage-only diet in Icelandic horses. *J. Anim. Physiol. Anim. Nutr.*, **94**：623-627.

Sales, J., Homolka, P. (2011)：A meta-analysis of the effects of supplemental dietary fat on protein and fibre digestibility in the horse. *Livest. Sci.*, **136**：55-63.

Stevens, C. E., Hume, I. D. (1998)：Contributions of microbes in vertebrate gastrointestinal tract to production and conservation of nutrients. *Phys. Rev.*, **78**：393-427.

Todd, L. K., Sauer, W. C., Christopherson, R. J., Coleman, R. J., Caine, W. R. (1995)：The effect of level of feed intake on nutrient and energy digestibilities and rate of feed passage in horses. *J. Anim. Physiol. Anim. Nutr.*, **73**：140-148.

3.2 舎飼いのウマの栄養

ウマを舎飼いにする場合，広い床面積に数頭を群れにして収容するフリーストール式と個体ごとに仕切られて個体ごとに収容する単馬房式がある．国内で飼養管理されるウマの多くは単馬房式であり，その管理方式での飼養について解説を行う．

3.2.1 給　　餌

a. 敷料

通常，馬房内に清潔な敷料を敷く．敷料には排泄した糞尿を吸収させ馬房内を清潔に保つとともに，ウマが濡れた床で滑って怪我しない，心地よく横臥できるようにするなどの利点がある．敷料には稲藁，イネ科乾草，麦稈(ばっかん)，オガコ，ペーパー，カンナ屑，オーガニックハスク（ヤシの実の粉砕物など）が用いられる．馬房内の粉塵や排泄物に由来するアンモニアガスは，鼻孔や咽頭粘膜の炎症の原因となるので，なるべく粉塵が少なく，液体の吸収性がよい敷料が好ましい．敷料は毎日，最低でも2〜3日に一度，交換すべきである．

b. 水

成馬が体内に保有する水分は体組成の65〜75%，子馬では80%以上を占める（Macleod, 2007）．水は糞尿排泄，呼気，発汗により排出され，運動が強くなるにつれ発汗にともなう水分の損失は非常に大きくなる．水分は飲水や飼料中から取り込まれ，放牧地の生草であれば多いもので水分含量は80%，よく乾いた乾草では10%以下である．体重500 kgの成馬が適度な環境温度で，乾草と濃厚飼料のみ摂取している場合に必要な水は1日20〜25リットル（体重100 kgあたり約5リットル）であるが，ウマによっては90リットルも飲む場合もある（National Research Council, 2007）．馬房内においては，ウマが常に新鮮な水を自由に飲めるようにする必要がある．自動給水装置を利用できることは理想である．そのような設備がない場合，馬房内に水桶を設置する必要がある．

c. 飼料給与と食餌性疾患の関係

ウマ用の濃厚飼料としてデンプン含量の高い燕麦や大麦などの穀類，タ

ンパク質含量が高い大豆粕などの油粕類，脂肪含量の高いフスマなどのヌカ類が用いられる．飼料の給与量はウマの運動負荷量，発育ステージや繋養目的で異なり，『日本軽種馬飼養標準』（日本中央競馬会，2004）や"Nutrient Requirements of HORSES Sixth Revised Edition"（National Research Council, 2007）に記載されているエネルギー要求量を参考に決める．

　消化管内微生物および原虫の数や活性を健全に保つため，植物細胞の細胞壁や繊維の主成分であるセルロースなどの構造性炭水化物の摂取は不可欠である．穀類における主たる炭水化物源はデンプンであり，ウマが摂取したデンプンはおもに小腸内でアミラーゼによりマルトースに分解され，その後グルコースとして吸収される．しかし，小腸で分解・吸収されなかったデンプンは大腸内に流入し，盲結腸内の微生物による分解作用によりおもに乳酸に作り変えられる．デンプンの大腸への流入が増加し乳酸生成量が多くなると，大腸内のpHが著しく低下（代謝性アシドーシス）し，消化管粘膜の炎症，分解作用にともなう発酵ガスの増加，エンドトキシン生成などが起こり，疝痛や蹄葉炎などの食餌性疾患の温床となる．

　これを防ぐには，摂取したデンプンがなるべく小腸で消化吸収されることが重要である．穀類の種類により含まれるデンプンの小腸における消化率が異なり，燕麦では85〜90%であるのに対して非加工トウモロコシは30%程度である．非加工トウモロコシの摂取は蹄葉炎などの食餌性障害の危険性が高い．デンプンはアミロースとアミロペクチンの2種類に分類される．両者は水溶解性に違いがあり，トウモロコシのデンプンは水に溶けないアミロペクチンの割合が大きいため小腸での消化率が低い．トウモロコシをフレークにするなど熱加工することで小腸におけるデンプン消化率は約90%になる．

d. 給餌回数

　一度に多量の燕麦を摂取したとき，小腸におけるデンプンの消化率が68%に下がったことが報告されている．1回の飼い付けで体重の0.4%のデンプンを摂取した場合，蹄葉炎発症の危険性が高まる（Potter et al., 1992）．この量は体重500 kgのウマでは燕麦を約3.5 kg以上摂取することに相当する．飼料給与量が多くなる場合には日内の飼料回数をなるべく多くし，1回の給餌量を減らすべきである．

　デンプンの摂取量を制限しつつ摂取エネルギー量を変えないため，植物油や

ビートパルプ給与が推奨されている．植物油の単位量あたりのカロリーは穀類の約3倍なので，たとえば燕麦900gを減らした場合は300mlの油を給与する．ウマは脂質利用に適応期間が必要なので，植物油摂取の効果は最低2～3週間の給与後に判断する必要がある．ビートパルプはビート大根（甜菜）から糖を抽出した後の副産物で，非常に消化率の高い繊維が多く含まれており，可消化エネルギー量は穀類と同等なので同量の穀類とおきかえることが可能である．

e. グリセミックインデックスとインスリン抵抗性

食品のグリセミックインデックス（GI）はヒトの栄養の分野で使われる評価方法で，食後の血中グルコース濃度変化を示したグラフの曲線下面積（図3.3）から食品ごとに血中グルコース濃度の上昇程度を表すためのものである．近年，ウマの飼料についてもその評価方法が用いられるようになった．よく使われる評価法は燕麦のGIを100として，それぞれの飼料GIを相対値で示す方法である（表3.2）．一般的に穀類のようなデンプン含量が高い飼料や糖蜜のような短鎖の炭水化物が豊富な飼料ではGIは高く，植物繊維含量の高い飼料の場合はGIが低い．ヒトの場合と同様に，ウマでもGIが高い飼料を多量に摂取していると高グルコース濃度状態が続き，やがてインスリン抵抗性の症状に至ると考えられている．インスリン抵抗性によりウマは過肥になり，脂肪組織がおおわれることでさらにインスリン抵抗性の症状が悪化する．その他のインス

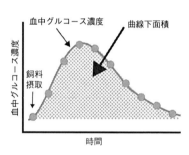

図3.3 グリセミックインデックス（GI）測定の概念図
グレーの部分は血中グルコース濃度変化の曲線下面積．燕麦のこの値を100として各飼料のグリセミックインデックスを相対値として評価する．

表3.2 各飼料のグリセミックインデックス

飼料	グリセミックインデックス*	飼料	グリセミックインデックス*
スィートフィード	129	米糠	47
丸粒燕麦	100	イタリアンライグラス乾草	47
糖蜜入りビートパルプ	94	アルファルファ乾草	46
破砕トウモロコシ	90	すすぎビートパルプ	34
ビートパルプ（すすぎ無）	72	ケンタッキーブルーグラス乾草	23
オーチャードグラス乾草	49		

*：燕麦摂取時の経時的なグルコース濃度変化の曲線化面積を100としてその比率で表示．

リン抵抗性の症状として，蹄葉炎，過肥または削痩などがある．インスリン抵抗性に対処するためにはデンプン給与量を減らし，適度に運動させることが重要である．

f. 飼料給与に関して配慮すべき点

単胃草食動物のウマは長い消化器官を有し，胃噴門部の筋肉によって嘔吐や噯気（げっぷ）ができず，便秘疝や風気疝を発症しやすい．発症時の特徴として 前肢で床を搔く，馬房内を歩き回る，横臥しながら何度も寝返りを打つ，全身の薄い発汗がみられる．そのような症状がみられた場合には獣医師に連絡し治療を依頼するが，緊急的な処置として危険のない範囲で横臥していても強制的に起立させ曳いて歩かせるのがよい．ウマが動くことにより腸が動き便やガスが流れる場合がある．そのような疝痛を定期的に発症するウマの場合，飼葉に流動パラフィンを混ぜるなどの対処をする．

g. 粗飼料の給与

ウマの濃厚飼料の過剰摂取は健康に様々な悪影響を及ぼすため，消化器官内の微生物や原虫を適正な数や活性に維持するためにも，粗飼料の摂取量は最低でも体重の1%以上にすることが重要である．

国内でウマ用に利用されるイネ科乾草は，おもにチモシーまたはオーチャードグラスである．香りがよく，緑色が濃い乾草は，新鮮でビタミンが豊富な証である．

ウマはマメ科牧草の嗜好性も高く，とくにアルファルファを好む．アルファルファはチモシーなどのイネ科牧草に比べて，タンパク質，カルシウムや各種ビタミンの含有量が高く，有用な栄養源となる．アルファルファを過剰摂取した場合，疝痛などを発症する危険があるとの説がある．また，イネ科牧草の給与をすべてアルファルファにおきかえた場合，タンパク質摂取が過剰気味になる，咀嚼回数が減る，高価であるなどの欠点があり，推奨できない．ウマの年齢や用途によるが，アルファルファの給与量はイネ科牧草6～7に対して2～3程度（0.5～2 kg）が適量である．アルファルファは乾草にしたときに葉が茎から離れて落ちやすい．アルファルファ乾草を使う場合，栄養価の面からなるべく葉が残っているものを選ぶべきである．

軽種馬生産におけるサイレージの利用は，近年，増加する傾向にある．厳密には水分含量70～75%程度に調整したものをサイレージ，水分含量35～40%

以下のものをヘイレージと呼び，通常ウマに給与されるのはヘイレージであるが，以下はサイレージという呼称に統一する．一般的にウマのサイレージに対する嗜好性は高く，食べすぎによる過肥には注意する必要がある．

　乾草を給与する場合，ウマが上を向いて食べるようにすると乾草の屑やほこりを鼻孔から吸ってしまい，呼吸器官粘膜に悪影響を及ぼす．したがって，馬房内で与える乾草は床に置き，ウマが下を向いて草を食べるようにするのがよい．馬運車内では乾草をネットに入れて吊るすが，その場合乾草をネットごと水に浸す（ソークする）ことで細かい塵が除去され，湿気で乾草屑が飛びにくくなる．

3.2.2 栄　　養
a. タンパク質

　通常の飼料を与えていて馬体が削痩していなければ，摂取しているタンパク質が要求量を下回っていることはほとんどない．タンパク質量の不足より，タンパク質の構成要素であるそれぞれのアミノ酸が足りているのかが議論されるべきである（図3.4）．

　ウマの必須アミノ酸はリジン，メチオニン，トレオニン，バリン，ロイシン，

図3.4　アミノ酸とタンパク質の関係の概念図（樽にたとえて）
タンパク質とアミノ酸の関係は，水を汲んだ樽のイメージで説明される．樽はそれぞれのアミノ酸の樽板で組まれており，左図のように板の高さが揃っていれば，水は樽の規格の高さまで汲むことができる．しかし，右図のようにどれほど高い板があっても，水は一番低い板のところまでしか汲むことはできない．この一番低くなる板のアミノ酸は「制限アミノ酸」といわれ，最も制限アミノ酸になりやすいアミノ酸は第一制限アミノ酸といわれる．どのアミノ酸が第一制限アミノ酸になるかは動物種で異なるが，ウマでは第一制限アミノ酸はリジンであり，以下，第二，第三はメチオニン，トレオニンと続く．

イソロイシン，アルギニン，トリプトファン，ヒスチジンおよびフェニルアラニンである．分岐鎖アミノ酸（BCAA）と総称されるバリン，ロイシンおよびイソロイシンは筋タンパク質合成に重要な役割を果たし，競走馬など運動負荷されているウマにとっては重要な栄養素である．必須アミノ酸の要求量はリジン以外知られていない．現状では必須アミノ酸が豊富な良質なタンパク質を含む飼料を飼葉に加えることを推奨する．具体的には脱脂大豆，アマニ粕および綿実粕などの油粕類や，市販の配合飼料の原材料に使われている大豆などである．

b. ミネラル

カルシウム： 骨の石灰化のほかに，筋肉の収縮や神経伝達，酵素，血液凝固に重要な役割を果たしている．穀類に多く含まれるフィチン酸塩やシュウ酸はカルシウムと結合することでカルシウムの吸収を阻害する．カルシウムとリンの理想的な摂取割合は $1.5～2.0$ (Ca)：1.0 (P) とされるが，これは吸収できない分のカルシウムを見越した比率になっている．また，マグネシウムの摂取量が多い場合もカルシウムの吸収は阻害される．カルシウムが不足する事例は，他ミネラルの過剰摂取による場合が多い．

リン： 骨などの構造物としての役割のほかに，遺伝物質や細胞膜の重要な構成物である．小腸と大腸で吸収されるが，マグネシウムやカルシウムを大量に摂取した場合に吸収が悪くなる．リンの摂取量が不足すると，カルシウムが不足と同様の骨形成異常が発症する．また過剰摂取はカルシウムの吸収阻害を招く．

マグネシウム： 構造物としての役割のほかに，細胞膜の構成要素，酵素反応，エネルギー代謝，遺伝物質など様々な役割をになっている．小腸と大腸で吸収されるが，カルシウムの吸収・利用と競合しているためバランスよく摂取する必要がある．マグネシウムが不足すると，筋肉や神経機能への障害，食欲減退，筋肉の痙攣，平衡感覚麻痺の症状がみられ，長期にわたると心臓や筋肉の機能障害の原因となる．過剰による毒性は見られないが，他ミネラルとの摂取バランスは考慮しなければならない．

カリウム： 体内における電解質や酸塩基平衡のバランスを維持し，筋肉の収縮に関与し，神経機能に影響がある．ウマの飼料中にはカリウムが豊富であり，過剰に摂取した場合は体外に排泄されるため，不足や過剰は通常はない．

しかし，過度の発汗や重度の下痢の場合に低カリウム血症がみられ，筋力低下，精神不安定，神経過敏および食欲不振などがある．

　ナトリウム：　細胞外液，血中の血漿や筋肉や神経組織にある．不足時には運動能力減退，発汗量減少，筋肉や神経の機能不全，舐める行動が多くなる，食欲減退などの症状を示す．一般的なウマの飼料中のナトリウムは少なく，運動による発汗でも大量に損失するため，運動しているウマには食塩を与えるべきである．一方，過剰なナトリウム摂取は疝痛，下痢および筋力低下の原因となる．

　塩化イオン：　電解質としての役割のほかに胃酸の生成に必要である．ナトリウム同様に発汗にともない失われるため，食塩で補う必要がある．

　イオウ：　メチオニンなどいくつかのアミノ酸の構成に必要なミネラルである．含硫アミノ酸は皮膚，毛および蹄にみられる構造性のタンパク質の構成要素として必要である．ウマに必要なイオウの量は不明であるが，過剰に摂取されたイオウは銅やセレン，コバルトなどの微量元素の取り込みを阻害する．

　亜鉛：　機能は非常に多く，酵素活性，免疫機能，ホルモン，細胞や組織の成長，皮膚の健全性，傷の回復，遺伝物質，タンパク質合成に必要である．小腸で消化・吸収される．亜鉛が不足するとビタミンAの利用が阻害される．ヒトでは亜鉛の摂取量が多すぎると銅の血液への取り込みが阻害されるため，亜鉛と銅の摂取比率は4：1が推奨されている．ウマにおいてもこの比率で給与することが賢明であろう．亜鉛の不足は食欲減退，成長の鈍化，発育期外科的疾患（DOD）の発症，皮膚炎症，繁殖能力低下などの症状を招く．体内での亜鉛の蓄積は多くないので，常に供給し続けることが必要となる．

　銅：　一番重要な役割は酵素を構成することであるが，その他に免疫機能，神経，結合組織の構成などがある．十分な銅の摂取は若馬の健全な発育，とくに軟骨の発達に重要である．小腸で吸収されるが，大量に摂取した亜鉛，鉄などに吸収が阻害される．ヒトのように過剰に摂取した亜鉛が銅の吸収を阻害するのかはウマではわかっていない．銅の不足により，貧血，骨は関節の障害，発育停滞，繁殖障害，消化器系の障害など様々な兆候を示す．銅の過剰摂取はヒツジでは非常に危険であり，ウシでは軽度の過剰症があるが，ウマは過剰給与に強いとされている．

　鉄：　一番の機能は酸素を取り込み，搬送し，筋肉内に貯蔵することである．

鉄は小腸で吸収される．鉄の過剰摂取はウマには毒性があり，酸化ストレスが発生する危険がある．鉄が欠乏すれば貧血になるが，他にも急性もしくは寄生虫などによる慢性的な血液の損失が原因となることがあるため，貧血のウマにむやみに鉄を補給すべきではない．鉄の摂取のみでは赤血球もヘモグロビンも増加しない．

セレン： 抗酸化物質グルタチオンの構成物質として重要であり，その他にもヨウ素代謝，免疫機能，膵臓の機能，酵素の活性などに影響している．ウマの飼料中のセレン濃度は非常に多様であり，これは土壌中の濃度が多様であることと関連している．小腸で効率よく吸収される．ビタミン A，E，C の存在で吸収が高まることがヒトで知られているが，ウマでは不明である．他の微量元素に比べて過剰になりやすく，疲労，脱毛，蹄の損耗，イオウの利用低下，タンパク質の合成低下などの過剰症がみられる．不足した場合，虚弱，筋肉の機能不全（白筋症など），運動能力の低下，皮膚や毛の脱色，発育停滞などの症状がみられる．

クロム： 注目されにくいミネラルであるが，インスリンの働きに重要な関連があり健常な糖代謝において重要な役割を果たす．吸収は小腸で行われる．ビール酵母や穀類中の繊維に多く含まれる．不足するとインスリン不感受性になる可能性があるが，ウマでこのような症状が発症するかは不明である．過剰摂取は遺伝物質に影響を及ぼす．ヨーロッパではクロムの飼料由来以外の添加は推奨していない．

ヨウ素： おもな機能は甲状腺によって甲状腺ホルモンを生成することである．ヨウ素の欠乏により，甲状腺腫や発育停滞などの様々な症状を発症する．海藻はヨウ素の有用な供給飼料であるが，500 kg の繁殖牝馬で 40 mg を超えるヨウ素を給与すべきではない．過剰に摂取した場合，繁殖障害，繁殖牝馬の流産，胎児の発育障害が発症する．

マンガン： ウマの体内量は非常に少なく，他の微量元素同様に酵素の構成や酵素反応に関連した機能がある．取り込みは小腸で行われるが，他のミネラルとの影響関係はわかっていない．通常の飼料に十分含まれており，ウマで不足することはほとんどない．若馬で不足した場合に，関節の障害や跛行を起こす．

コバルト： ビタミン B12（コバラミン）の一部であり，ビタミン B12 が

消化管内で微生物により合成されるために必要である．また，酵素反応などに関連した機能があると考えられている．過剰や不足の心配はほとんどない．コバルトの過剰摂取には毒性があるが，閾値が高く通常その心配はない．

モリブデン： 必須の微量元素であるが，体内での吸収や血液中の移動方法などはわかっていない．不足の心配はほぼない．反芻動物において過剰に摂取したモリブデンは銅の取り込みを阻害し，それにともなう銅欠乏を生じることが知られているが，ウマにはそのような症状は知られていない．

c. ビタミン

ビタミンは大きく脂溶性ビタミン（ビタミン A, D, E）と水溶性ビタミン（ビタミン C および B 群）の二つのグループに分類される．脂溶性ビタミンであるビタミン A, D, E, K は脂肪と結びついて吸収され，胆汁の働きにより血中の脂肪輸送担体分子カイロミクロンに取り込まれて体内を運ばれる．水溶性であるビタミン C および B 群は血液中に吸収され，体内で保持されることはなく体内量が閾値に達すると尿とともに体外に排出される．ビタミン B12 は水溶性であるが，例外的に肝臓に蓄積される．

ビタミン A： 自然界でウマが直接摂取することはなく，草食動物は植物中のカロチノイドを摂取し体内でそれをビタミン A に変える．そのためカロチノイドはプロビタミン A といわれる．もっともビタミン A 活性が高いカロチノイドは β-カロチンであり，草食動物はほとんどこの β-カロチンによりビタミン A を獲得しているといってよい．ニンジンや新鮮な青草は β-カロチンを豊富に含んでいる．ウマの場合，1 mg のレチノールに匹敵するビタミン A を得るには 8 mg の β-カロチンを摂取する必要があるとされている．ビタミン A の食品含有量を国際単位（IU）で示すと，1 mg の β-カロチンは 400 IU のビタミン A に匹敵する．ビタミン A や β-カロチンは肝臓に蓄えることが可能である．ビタミン A の過剰摂取は毒性があるが，β-カロチンの過剰摂取の影響は不明である．

ビタミン E： トコフェロールと，より活性が低いトコトリエノールという物質の総称である．ウマの体内に十分量が蓄積されないため常に飼料から摂取する必要がある．ウマの体内で抗酸化的に働き，フリーラジカルによる損傷から細胞膜を守り，体内の細胞を健全に保つ役割がある．免疫機構の発達や機能はビタミン E の影響が大きく，母馬のビタミン E 摂取が多い場合に子馬への

免疫の受動的移行が優れていることが知られている．毒性がもっとも少ない脂溶性ビタミンであり，競走馬や繁殖雌馬には多めの給与を推奨する．

ビタミンD：　カルシウムとリンのバランスを制御することで骨強化や発育に影響を及ぼす．ビタミンD2とD3の二つのタイプがある．植物中には見られないが，植物の枯死葉や天日乾草の牧草中には見られる．プロビタミンDは皮膚内で生成され，紫外線によりビタミンDに変わる．そのためウマに日光浴させることでビタミンDを生成することができる．食餌性のビタミンDは他の脂溶性ビタミンと同様に脂肪とともに吸収される．ビタミンD不足は日光を浴びさせず，さらに飼料から供給される量が少ない場合に起こり，食欲の減退，成長停滞，骨障害の原因となる．過剰摂取には毒性があり，症状はビタミンAの過剰摂取と似ている．

ビタミンK：　血液凝固や骨代謝に必要なビタミンである．天然に存在するビタミンKはビタミンK1（フィロキノン）とビタミンK2（メナキノン）であり，フィロキノンは植物中，K2は腸内細菌により合成される．ビタミンKの不足は馬では報告されておらず，後腸における供給でビタミンKの要求量はまかなわれていると考えられる．ビタミンKの過剰な摂取は腎臓の障害や疝痛の原因になるとされている．

ビタミンC：　コラーゲンやカルニチンの合成を助ける．ビタミンEと同様に，酸化防止や抗酸化作用のある栄養素として重要である．ビタミンCは細胞外の重要な抗酸化物であり，ビタミンEを再生してくれる物質である．また結合組織の健康を保つためや鉄の代謝に重要である．ウマは肝臓でグルコースからビタミンCを合成することができ，健康なウマにビタミンCを添加する必要はない．しかし，病気や輸送や強い運動負荷など特別なストレス環境下にある場合はその限りではないかもしれず，呼吸器疾患のウマの肺表面のビタミンCの濃度が健常馬より低かったことが報告されている．

ビタミンB群：　肝臓で蓄えられるビタミンB12を除き蓄えることができないので，常に供給されている必要がある．ほとんどのビタミンBの機能は酵素としてのものであり，エネルギー代謝，神経伝達や一部のアミノ酸合成に関与している．ウマは後腸内の微生物によりビタミンBを生成できるが，過剰に給与しても排泄され危険性が低いことから，疑わしい場合は飼料に添加してもよいかもしれない．

ビタミン B1： チアミンと呼ばれ，とくに体内のエネルギー代謝に重要な役割を果たしている．不足により食欲減退，疲労，元気喪失などの症状を示す．過剰に給与しても毒性の心配はない．

ビタミン B2（リボフラビン）： 炭水化物，脂肪およびタンパク質の代謝に関係している．一般的には飼料や微生物由来で足りているとされているが，競走馬のように激しい運動をするウマには添加してもよいかもしれない．

ビオチン： ビタミン H とも呼ばれ，ビタミン B 群のひとつである．細胞増殖に不可欠であり，ウマでは蹄の形成と重要な関係があることが知られている．アルファルファ乾草（0.20 mg/kg DM）に多く含まれ，大腸内でも微生物によって合成される．ビオチン不足による裂蹄や白線裂などの蹄病の発症が報告されている（Josseck et al., 1995；Zenker et al., 1995）．6〜9 カ月間にわたるビオチンの添加により蹄質が改善した報告がある．蹄はウマにとって非常に重要な部位であり，問題があればビオチンを用いることは考慮に値するが，コストが高く，短時間では効果がみられないので，将来の管理計画と照らし合わせて決めるのがよいだろう．

ビタミン B2（リボフラビン），ビタミン B3（ナイアシン），ビタミン B6（ピリドキシン），ビタミン B5（パントテン酸）のウマにおける不足の報告はないが，過剰に摂取しても毒性はない．　　　　　　　　　　　　　〔松井　朗〕

参 考 文 献

Josseck, H., Zenker, H., Geyer, H. (1995)：Hoof horn abnormalities in Lipizzaner horses and the effect of dietary biotin on macroscopic aspects of hoof horn quality. *Equine Vet. J.*, 27：175-182.

Katayama, Y., Oikawa, M., Yoshihara, T., Kuwano, A., Hobo, S. (1995)：Clinico-Pathological Effects of Atmospheric Ammonia Exposure on Horses. *Journal of Equine Science*, 3：99-104.

MacLeod, C. L. (2007)：The Truth About Feeding Your Horse, J. A. Allen & Co.

National Research Council (2007)：Nutrient Requirements of Horses, Sixth Revised Ed., pp. 129-140, The National Academies Press, Washington, DC.

日本中央競馬会競走馬総合研究所編（2004），軽種馬飼養標準，2004 年版，アニマル・メディア社．

Potter, G. D., Arnold, F. F., Householder, D. D., Hansen, D. H., Brown, K. M. (1992)：Digestion of starch in the small or large intestine of the equine, pp. 107-111, Pferdeheilkunde, Sonderheft.

Yoshida, K., Okamoto, M., Tajima, M., Kurosawa, T. (1995)：Invention of a forced-airventilated micro-isolation cage and rack system-environment within cages: temperature and ammonia concentration. *Exp. Anim.*, **43**: 703-710.

Zenker, W., Josseck, H., Geyer, H. (1995): Histological and physical assessment of poor hoof horn quality in Lipizzaner horses and a trial with biotin and a placebo. *Equine Vet. J.*, **27**: 183-191.

3.3 放牧馬の飼養管理

3.3.1 ウマにとっての放牧地

ウマ，とくに軽種馬は，ウシやブタ，ニワトリといった畜産物生産を目的とした家畜に対し，ほとんどが走能力の向上を目的とした家畜であり，軽種馬生産農家では放牧を中心とした飼養管理が行われている（図3.5）．ウマにとって，放牧地は運動，栄養摂取，精神的リラックスを得るための重要な場である（軽種馬飼養標準，2004）．また，子馬にとっては母馬からの教育を受ける場，さらに他馬との社会関係を築く遊びの場としても重要である．

終日放牧されているウマの採食時間はウシやヒツジなどの反芻動物よりも長く，1日の大部分を採食に費やすことから（4.4節参照），ウマにとっての放牧地は栄養摂取の場としてとくに重要であると考えられる．放牧飼養されているウマは，エネルギー，良質なタンパク質，ビタミン，ミネラルを放牧草から摂取し，草量が十分にある放牧地では，必要な栄養素のほとんどをまかなうことができる．泌乳も妊娠もしていない状態で体重の増減もない状態を「維持」と

図3.5 牧草放牧地に放牧中のサラブレッド親子群

いい，家畜ではこうした状態を続けるのに必要な養分量を「維持要求量」というが，米国の NRC 養分要求量「ウマ」(2007) では，放牧草のみからエネルギーやタンパク質の維持要求量以上を摂取できた研究報告のみならず，泌乳中の雌馬や成長中の育成馬においても十分にエネルギーやタンパク質要求量を満たすことができたとする研究結果についても紹介している．すなわち，放牧管理されているウマにとって，放牧草はもっとも重要な飼料であるといえる．

3.3.2　放牧地における採食量

　放牧地におけるウマの採食量は，その測定が困難なことから，国内外を含めて研究報告が少ないのが現状である．NRC「ウマ」(2007) では，放牧馬の自由乾物摂取量，すなわち水分を除いた飼料の摂取重量を測定した研究論文をいくつか引用し，体重の 1.5〜3.1% の範囲であると記載されている．すなわち体重が 500 kg のウマでは乾物で 7.5〜15.5 kg，牧草の水分含量を 80% と仮定すると，1 日に 37.5〜77.5 kg の牧草を放牧地で摂取する計算となる．この 1 日あたりの放牧草乾物摂取量は，泌乳馬で体重の 2.8% ともっとも多く，泌乳も成長もしていない体重を維持するような成馬の場合では 2% 程度とされている．

　日本の軽種馬飼養標準 (2004) では，育成馬 (1 歳馬) の放牧草採食量が紹介されており，軽種馬生産農家において一般的に実施されている昼間放牧 (朝から夕方までの放牧と 1 日 2〜3 回の濃厚飼料給与) では，植生が良好で草量も豊富な夏季放牧地の場合，放牧地草乾物摂取量は約 5 kg，午後から翌朝までの昼夜放牧 (1 日 1 回少量の濃厚飼料給与) においては 9〜10 kg であったとしている．これらの採食量は，牧草種によって異なる嗜好性，施肥管理方法や土壌条件，牧草の生育ステージなどによって異なる栄養価にも影響を受けるため，不確定な要素が多いとしたうえで，上記の昼間放牧時約 5 kg，昼夜放牧時 9〜10 kg という値は，草量が十分あると思われる放牧地での乾物摂取量とし，やや不足すると思われる放牧地 (昼間放牧で 3〜4 kg，昼夜放牧で 7〜8 kg)，不足すると思われる放牧地 (昼間放牧で 1〜2 kg，昼夜放牧で 3〜4 kg) の 3 段階程度に分類するのが妥当と記載されている．

　河合らが北海道で行った調査結果 (表 3.3) では，ケンタッキーブルーグラス主体マメ科混播草地に終日放牧した軽種成去勢馬の乾物採食量は，6 月，8 月，

3.3 放牧馬の飼養管理

表3.3 ケンタッキーブルーグラス草地に終日放牧した軽種馬の採食量

	草高 (cm)	乾物草量 (g/m^2)	乾物摂取量		
			kg/日	%BW	g/MBS/日
6月	36.4	163	15.2±1.0	2.6±0.4	128.4±17.0
8月	21.1	77	13.6±0.2	2.4±0.2	116.1±8.4
10月	14.2	44	13.5±1.3	2.3±0.1	114.3±6.6

10月でそれぞれ15.2, 13.6, 13.5 kg/日で，体重の2.6, 2.4, 2.3%であり，草高や草量の低下にともない，春から秋にかけて採食量が減少する傾向にあった．しかし，どの時期においてもタンパク質は維持要求量の3倍程度，エネルギーは2倍以上摂取しており，1日に0.5〜1.0 kgの体重増加もみられた．

養分要求量に影響を及ぼす動物側の要因として，体重やボディコンディション，成長，泌乳や妊娠などがあげられるが，運動量もそのひとつである．乳牛の場合，通常の放牧条件下では維持エネルギー要求量に対して15%増加するとされている（日本飼養標準・乳牛，2006）．NRC「ウマ」(2007) では運動量を軽，中，重，極重の4段階で示しているだけであるが，それぞれ維持エネルギー要求量の20, 40, 60, 90%増加するとしている．放牧されたウマがそれほど激しい運動をするとは考えられないが，草量が十分であれば，競馬やエンデュランスといったレースのような極重に分類される運動に必要なエネルギー量をも放牧草のみから摂取できる可能性を示している．

一方で，養分摂取量と直接関係する飼料摂取量には，飼料の種類や構成，物理性，形状，成分組成，消化率といった飼料側の要因が影響する．放牧飼養しているウマの採食量には，牧草の種類とともに，糖やタンパク質，繊維含量とそれらの消化率で表される牧草の質が大きく関係しており，ウマ飼養における適正な放牧地管理のためには，牧草の選定はもちろん，牧草の品質管理を適正に行う必要がある．

3.3.3 放牧地の牧草

牧草の草種はイネ科牧草とマメ科牧草に分類され，さらにイネ科牧草は冷帯から温帯に適した寒地型牧草と，亜熱帯から熱帯に適した暖地型牧草に分けられる．日本のウマ用放牧地で利用されている代表的な牧草種とその栄養成分含量を表3.4に示した（軽種馬飼養標準，2004；日本標準飼料成分表，2009）．

表3.4 放牧草の栄養成分含量：値は乾物中（DM は原物中）（軽種馬飼養標準 2004 および日本標準飼料成分表 2009 より抜粋）

	DM (%)	DE (Mcal/kg)	DE/GE (%)	CP (%)	EE (%)	CF (%)	ADF (%)	NDF (%)	Ca (%)	P (%)
チモシー	18.3	2.57	56.9	17.5	3.8	18.6	21.3	45.4	0.32	0.42
オーチャードグラス	17.6	–	–	17.6	5.1	25.0	29.0	53.4	0.38	0.29
ケンタッキーブルーグラス	30.8	2.08	45.7	17.5	3.6	25.3	–	–	0.50	0.44
ペレニアルライグラス	16.4	2.07	45.6	17.1	4.3	21.3	25.0	48.8	0.59	0.33
イタリアンライグラス	16.3	2.45	53.8	18.4	4.9	19.6	22.7	46.6	0.37	0.37
トールフェスク	18.8	2.13	47.3	17.0	3.7	25.0	29.3	53.7	0.41	0.30
バヒアグラス	23.5	2.21	48.8	15.7	3.0	27.2	35.3	57.4	0.36	0.22
アルファルファ	18.3	2.62	57.2	26.2	3.8	19.7	25.7	33.3	1.27	0.40
シロクローバー	12.6	2.54	56.2	27.8	4.0	13.5	20.6	23.0	1.45	0.37

DM：乾物，DE：可消化エネルギー，DE/GE：エネルギーの消化率，CP：粗タンパク質，EE：粗脂肪，CF：粗繊維，ADF：酸性デタージェント繊維，NDF：中性デタージェント繊維，Ca：カルシウム，P：リン

　チモシーやオーチャードグラス，ペレニアルライグラスといった日本で栽培されている大部分の牧草は寒地型牧草に属し，一般的にバヒアグラスなどの暖地型牧草よりも改良が進んでおり，栄養価は高い傾向にある．これは，寒地型牧草の方が，容易に消化される植物細胞の割合が暖地型牧草より高いことを意味している．

　寒地型牧草の中でもチモシーは冬季の低温，土壌凍結や雪腐病などに対してもっとも強く，ウシ用草地も含めて北海道でもっとも利用されている草種で，永続性にも比較的優れているが，高温乾湿には弱く，夏秋の再生力が弱い．オーチャードグラスの耐寒性はチモシーより劣るものの，ある程度の耐暑性をもつため北海道から九州までもっとも広域で栽培されている．ケンタッキーブルーグラスは，ウシ用放牧地では管理不良時に増えることから雑草として扱われることがある．しかし，地下茎の発達が旺盛なほふく型の永年草種で，密なシバ型草地を形成するため蹄傷抵抗性に優れており，ウマ用放牧地には不可欠な存在である．

　暖地型牧草のうちウマ用放牧地でおもに利用されているバヒアグラスは，ほふく型，深根性で，地上茎や地下茎で広がって密な草地をつくるため，蹄傷抵抗性が高い．また暖地型牧草のなかでは耐寒性が強い草種に属し，耐旱性にも強いため多年にわたって放牧利用が可能である．

　マメ科牧草はイネ科牧草よりタンパク質含量が高く，繊維含量は低いため，

ウマに対しては可消化エネルギー含量も高い傾向にある．カルシウムなどのミネラル含量が高いことも，マメ科牧草の特徴である．また，マメ科牧草の根にとりつく根粒菌が，空気中の窒素ガスを植物が利用できるアンモニアの形に変化させるため（この作用を窒素固定という），マメ科単播草地では窒素肥料をほとんど必要としない．さらに，根粒菌が固定した窒素は混播されているイネ科牧草にも利用されるので，イネ科マメ科混播草地の窒素肥料はイネ科単播草地より低減することができる．

　放牧地の牧草は，踏圧に強く再生力があり，嗜好性が良好な草種が望まれるが，軽種馬飼養においてはイネ科牧草のケンタッキーブルーグラス，ペレニアルライグラス，チモシーなどとマメ科牧草のシロクローバーなどとの混播が理想的とされている（軽種馬飼養標準，2004）．しかし，日本のウマの飼養環境は北海道から九州にわたり，地域によって大きく異なる．濃厚飼料や粗飼料のうち乾草などは，国外を含めて他地域のものを利用することが可能であるが，放牧地の牧草は各地域の環境に適した草種から選定しなければならない．

　北海道では，越冬性と嗜好性にすぐれたチモシーとシロクローバーの混播草地が多かったが，最近は耐踏圧性や再生力が高いケンタッキーブルーグラスの利用が増えつつある．東北地方ではオーチャードグラス，シロクローバーなど，関東地方においてはイタリアンライグラス，オーチャードグラス，トールフェスクの利用率が高い．また九州地方では夏季に暖地型牧草のバヒアグラス，冬季には寒地型牧草の中でも比較的高温旱ばつに強いトールフェスク，イタリアンライグラスなどを利用することにより，年間を通して放牧地を維持することが可能となる．

　このように複数の牧草種を組み合わせて各地域に適したウマ用放牧地をつくる必要があるが，ウマによる牧草採食量に影響を及ぼす消化率や栄養価は，牧草種による違いだけでなく，各牧草の生育ステージによっても変化する．すなわち，生育にともなって葉部に対する茎部の割合が大きくなり，タンパク質含量が低下して繊維含量が高くなることで消化率や栄養価が低下する．チモシー生草の栄養成分含量を，生育ステージごとに表3.5に示した（日本標準飼料成分表，2009）．ここでの可消化エネルギー（DE）はウシに対する値であるが，出穂前の1番草では可消化エネルギー含量が乾物1kgあたり3.24 Mcalであるのに対し，生育ステージが進むにつれて結実期の2.24 Mcalまで徐々に低下

表 3.5 生育ステージごとのチモシー生草の栄養成分含量：値は乾物中（DM は原物中）（日本標準飼料成分表 2009 より抜粋）

	DM (%)	DE (Mcal/kg)	CP (%)	EE (%)	CF (%)	ADF (%)	NDF (%)	Ca (%)	P (%)
1番草・出穂前	18.3	3.24	17.5	3.8	18.6	21.3	45.4	0.32	0.42
1番草・出穂期	20.1	2.98	10.0	3.5	30.8	36.3	61.2	0.28	0.34
1番草・開花期	25.0	2.67	8.8	2.8	34.0	40.0	65.2	0.26	0.28
1番草・結実期	25.7	2.24	7.4	0.8	52.1	61.9	88.7	–	–
再生草・出穂前	18.4	2.90	14.7	4.3	25.0	29.3	53.8	0.29	0.36
再生草・出穂期	22.9	2.78	11.4	3.9	28.8	34.1	58.5		

DM：乾物，DE：可消化エネルギー，CP：粗タンパク質，EE：粗脂肪，CF：粗繊維，ADF：酸性デタージェント繊維，NDF：中性デタージェント繊維，Ca：カルシウム，P：リン

している．これは，粗タンパク質（CP）含量が乾物あたりで17.5%から7.4%に低下し，繊維含量，たとえば総繊維として用いられる中性デタージェント繊維（NDF）含量が45.4%から88.7%にまで増加していることを反映している．放牧地の牧草は常に家畜による喫食を受けるため，再生草として存在することになるが，採食場所と不食場所が明確化した不均一な放牧地や，糞尿排泄場所周辺の不食過繁地が出現してくると，再生草においても同様のことが起こる．こうした放牧草の栄養成分含量の不均一化により，放牧地における栄養摂取量の把握や，それを飼料給与設計に正確に反映することがますます困難になるため，掃除刈りや糞の除去，雑草の除去や追播，土壌検査に基づく施肥といった放牧地の維持管理を適切に行い，良質かつ均質な放牧草が十分量生育する放牧地を整備する必要がある．

一方，米国ではウマの蹄葉炎発生事例の約半数が，放牧管理下で起きているともいわれている．牧草は，光合成によって単糖やショ糖を生産して自らの成長に利用するが，必要量よりも多く生産した場合，デンプンや水溶性炭水化物（WSC）であるフルクタンなどの非繊維性炭水化物（NFC）に転換して貯蔵する仕組みをもっている．ウマが NFC を過剰に摂取し，胃や小腸で十分に消化を受けないまま後腸内に大量に流れ込むと，デンプンおよび糖分解性微生物による異常発酵が引き起こされ，後腸内 pH が低下して微生物叢のバランスが崩れ，疝痛や血流損失にともなう蹄葉炎などの代謝障害を引き起こす可能性が指摘されている．

放牧草中 WSC 含量は，一般的に春季にもっとも高く，夏季にもっとも低く

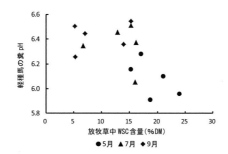

図 3.6 放牧草中水溶性炭水化物（WSC）含量と
軽種馬の糞 pH との関係（飯島ら，2010）

なり，秋季はその中間になるとされている．北海道日高管内の軽種馬生産農家において，放牧草中の WSC 含量と，放牧中の軽種馬の糞 pH を調査した結果（図 3.6；飯島ら，2010）によると，WSC 含量は春季（5 月）に高く，また乾物中 15% 以上のとき，蹄葉炎発症の指標として用いられる糞 pH 6.2 以下に低下している．また，牧草中 WSC 含量は朝に低く，夕方に高くなり，夜から翌朝にかけて低下するといった日内での変動もあることから，とくに放牧草中 WSC 含量が高くなる春季の放牧飼養では，放牧する時間帯にも気を配る必要があり，さらに，デンプンや糖含量が一般的に高い濃厚飼料を併給する場合にはよりいっそうの注意が必要である．近年，消化性の高い繊維を豊富に含み，エネルギー含量も高いビートパルプが「スーパーファイバー」と呼ばれ，一般的にウマ飼養で用いられているエンバクの代替飼料として注目されている．しかし，ビートパルプは水分を多量に吸収して 3～4 倍に膨張といった特徴もあり，胃容積がそれほど大きくないウマへの給与時には，あらかじめ水を吸収させてから給与する手間も必要となる．

こうした放牧馬に関する栄養学的な研究蓄積は，放牧草と組み合わせる濃厚飼料の選定といった飼料学的な研究も含めて十分ではなく，より健康で強いウマ作りのための放牧飼養管理を確立するためには，これらの分野に関するさらなる研究の進展が不可欠である．

3.3.4 野草地の放牧利用

軽種馬用の放牧地ではおおむね牧草が利用されているが，原野や山地に自生する野草地も古くからウマの牧野として利用されてきた．本州や九州，沖縄で

図3.7 シバ型草地に周年放牧されている
与那国馬（与那国島）

図3.8 ミヤコザサが優占する冬季林間放牧地に放牧中の北海道和種馬（北海道新ひだか町）

もみられるシバ型草地（短草型草地）やススキ型草地（長草型草地），北海道から東北地方でみられるササ型草地は，在来馬や農耕馬の放牧地として現在も利用されている（図3.7，図3.8）.

　野草は一般的に生産量が少なく，再生力が低く，飼料価値も低いとされている．しかし，代表的な野草類の栄養成分含量を示した表3.6をみると，メヒシバやヨモギ，マメ科のクズやハギなどは比較的粗タンパク質含量が高く，また野草種によってはミネラル含量が高いものもある．さらに，ササ類は冬季においても緑葉を維持するため，とくに北海道では牧草を利用できない積雪期を含めて冬季放牧利用が可能である．

　アイスランドの荒原湿地にウマ，ウシ，ヒツジを放牧した試験では，野草の質が比較的高い場合はウシやヒツジの方がウマより生産性が高いとするものの，野草の質が低下したときにはウマの生産性がもっとも高かったと報告されている（Bjarnason and Gudmundsson, 1986）．したがって，一般的に牧草地よりも栄養価が低い野草地において，ウマによる野草の利用性はウシやヒツジなどの反芻家畜と同等もしくはそれ以上であるとも考えられる．また，ウマの採食植物種の範囲はウシやヒツジ，ヤギよりも狭い（岡野・岩元，1989）ことから，樹木や林床植物植生に対する放牧の影響はウマで小さく，野草地放牧には家畜の中でウマがもっとも適しているとも考えられる．

　ミヤコザサ型林間放牧地に終日放牧されている北海道和種馬の採食量に関する調査結果を表3.7に示した（河合，2001）．非積雪冬季における乾物摂取量は夏季と同程度であり，成雌馬で体重の2.2～2.5%，育成雌馬で2.4～2.7%

表3.6 野草類の栄養成分含量:値は乾物中(DMは原物中)(日本標準飼料成分表,2009より抜粋)

	DM (%)	CP (%)	EE (%)	CF (%)	Ca (%)	P (%)
ススキ(出穂前)	26.4	13.3	3.4	29.9	0.23	0.10
チガヤ	34.8	7.2	2.9	35.3	-	-
メヒシバ	16.4	15.9	3.7	26.2	0.31	0.36
シバ	40.7	10.2	2.6	28.4	0.27	0.22
スゲ	32.2	10.2	3.4	29.8	0.38	0.22
ヨモギ	20.7	19.3	5.3	21.7	1.21	0.38
クズ	35.0	16.6	3.1	29.7	-	-
ハギ	30.6	16.3	3.9	22.9	-	-
ミヤコザサ	44.5	12.4	4.3	29.9	-	-
クマイザサ	46.3	12.3	3.9	33.0	-	-
ネザサ	40.2	13.4	3.2	26.6	0.47	0.24
野草(あぜ)	76.3	11.4	3.0	28.7	-	-
野草(原野)	59.1	9.3	2.9	32.0	-	-
野草(山地)	64.1	7.8	2.5	31.8	-	-

DM:乾物,CP:粗タンパク質,EE:粗脂肪,CF:粗繊維,Ca:カルシウム,P:リン

表3.7 林間放牧地における北海道和種馬のミヤコザサ採食量(河合,2001)

	成雌馬		育成雌馬	
	kg/日	%BW/日	kg/日	%BW/日
夏季	8.9±0.6	2.5±0.3	5.7±0.7	2.7±0.4
非積雪冬季	8.3±0.4	2.2±0.1	6.1±0.4	2.4±0.2
積雪期	7.2±1.0	1.8±0.2	4.9±0.6	2.1±0.2

であり,積雪期には成雌馬で1.8%,育成馬で2.1%と減少した.しかし,ミヤコザサの粗タンパク質含量および消化率は,冬季においてもイネ科牧草並みに高く,可消化エネルギー含量はイネ科乾草と同程度であり(河合,2000),積雪によって採食量が制限されない場合には体重が維持もしくはわずかに増加する(Kawai et al., 1999).また,北海道和種馬を晩春から夏季に非ササ型林間放牧地で終日放牧した場合,採食量や消化率は放牧日数の経過や季節の進行にともなって低下傾向を示すが,養分要求量を十分に満たすことも可能である(河合,2001).

北海道和種馬と軽種馬で採食量や消化率を比較した調査結果(河合,2000)によると,乾草給与時では体重あたりの乾物採食量は軽種馬の方が多い傾向に

あるものの，ミヤコザサ型放牧地では和種馬の方が多かった．また乾草給与時の消化率に違いはみられなかったが，ミヤコザサ型放牧地では和種馬の方が軽種馬より消化率が高い傾向にあり，とくに繊維成分消化率で両馬種間の差が大きかったことから，林間放牧には北海道和種馬が適していると考えられる．同じ在来馬である木曽馬や，小格馬であるポニーの採食量や消化率についても同様のことがいわれており，今後さらに馬種間での採食能力や消化能力の違いについて研究が蓄積されれば，北海道和種馬を含めて飼養頭数が激減している日本在来馬の新たな活用方法を見出せるかもしれない． 〔河合正人〕

参 考 文 献

Bjarnason, V., Gudmundsson, O. (1986)：Effect of some environmental factors and stocking density on the performance of sheep, cattle and horses grazing drained bog pastures. In：Grazing Research at Northern Latitudes (O. Gudmundsson ed.), pp. 129-140, Plenum, London.

飯島由子・河合正人・早川　聡・朝井　洋・花田正明（2010）：日高管内サラブレッド種生産農家における放牧草中水溶性炭水化物含量およびウマの糞性状の季節変化．北畜会報，**52**：41-45.

Kawai, M., Inaba, H., Kondo, S., Hata, H., Okubo, M. (1999)：Comparison of intake, digestibility and nutritive value of Sasa nipponica in Hokkaido native horses on summer and winter woodland pasture. *Grassland Sci.*, **45**：15-19.

河合正人（2000）：馬による粗飼料の利用性について－北海道和種馬の採食量および消化率－．栄養生理研報，**44**：31-40.

河合正人（2001）：林間放牧地における北海道和種馬の採食量および消化率．日草誌，**47**：204-211.

National Research Council (2007)：Nutrient Requirements of Horses, Sixth Revised Ed., The National Academies Press, Washington, DC.

日本中央競馬会競走馬総合研究所編（2004）：軽種馬飼養標準，2004年版，アニマル・メディア社．

農業・食品産業技術総合研究所（2006）：日本飼養標準　乳牛，中央畜産会，東京．

農業・食品産業技術総合研究機構（2009）：日本標準飼料成分表，2009年版，中央畜産会，東京．

岡野誠一・岩元守男（1989）：林野植生に対する放牧家畜の採食嗜好性．林試研報，**353**：177-211.

4. ウマの行動と管理

4.1 ウマの行動の特徴

ウマの行動の特徴を理解するためには，草食動物としての栄養摂取の機構が同じ草食動物であるウシなど反芻胃をもつ動物と大きく異なることを理解する必要がある．どちらも草類，とくに繊維成分を発酵・分解し，消化吸収できる栄養素に変えていくために，消化管内に微生物層をもっている．しかし，微生物がおもに棲息する消化管が大きく異なる．ウシやヒツジなど反芻動物は，四つある胃のうち第1胃および第2胃（あわせて反芻胃と呼ばれる）に微生物を棲息させているが，ウマは単胃動物であり盲腸および結腸を大きく発達させ，そこで微生物による発酵分解が行われている．こうしたことからウシやヒツジなどの反芻動物を前胃発酵動物と呼び，ウマやウサギなどを後腸発酵動物とよぶこともある（図4.1）(9.2節参照)．

こうした独特の消化器官がそれぞれに進化した過程は十分にわかっていない．ウマはおよそ5500万年前に地球上にヒラコテリウムとして現れているが，おそらくウシの祖先も同じ頃出現し，両者はその長い進化の過程で，同じように草類を栄養源としながらも，まったく異なる消化器官構造をもつに至ったのであろう．こうした消化管構造の違いは，ウシなど反芻動物とウマの行動に違いを生み，採食戦略に大きな違いが生まれたことは9.2節に詳しく述べられている．

消化管構造の違いは行動を変化させる

図 4.1 2種類の草食動物の消化管構造の模式図（近藤原図）

が，おそらく長い進化の過程でそれぞれの形態までも変化させた可能性がある．たとえば反芻動物の二つに割れた蹄は，草原から湿原，さらに岩山まで様々な地形に適応的であるが，ウマの一つにまとまった蹄は比較的乾燥した平坦な草原を高速で移動するのに適している．さらに歯の構造や角の有無などもこうした消化管の違いから派生しているかもしれない．

こうした点をふまえながら，ウマの行動の特徴を各個体維持行動について概説する．

4.1.1　摂取行動

摂取行動として，ここでは主として放牧地で草を摂取する食草行動について述べる．4.4 節で述べるように，ウマの飼料摂取時間は長い．24 時間放牧したウマを各月1回24時間行動観察した Kondo et al. (1994) によると，年間の1日あたり平均食草時間は15.5時間であった．一般に24時間放牧されたウシは6〜9時間を採食に費やすといわれており（Hancock, 1953），ウマは10〜20時間が報告されている（Warning, 1983）.

ウシもウマも放牧地では1日あたり乾物で体重の2〜3%の草を摂取する．ウシでは3%摂取すれば乳生産ができ，ウシ・ウマとも2%であれば十分体重の維持および子畜に哺乳できる．もし体重400 kg のウシとウマが乾物で1日2%の放牧草を摂取したとすると，両者とも乾物で8 kg の牧草を摂取したことになる．この8 kg をウシは6〜9時間で体内に取り込み，ウマはその倍の10〜20時間かけて摂取したことになる．ただしウシは1日あたり9〜11時間反芻を行うので，食草と反芻をあわせると，口を動かす時間はほぼ同じとなる．1口あたりの摂取量はウシがウマの2倍ということになる．

ウシの摂食動作も噛み返しも，ウマの摂食動作も平均でおおむね1分間に60回前後である．したがって，1口あたりの牧草の取り込み量（喫食量）はウシがウマの2倍であるが，摂取された牧草1単位あたりが咀嚼される回数は反芻の噛み返しも含めてほぼ同じになるだろう．

図 4.2 にウマの切歯を示した．ウシやヒ

図 4.2　ウマの上下切歯

図 4.3 比較的草高が高い草地で食草するウマ（左）と，きわめて草高が低い草地で食草するウマ（右）

ツジなどの反芻動物では上顎切歯がないが，ウマでは上下とも切歯が揃っている．したがって，ウマに噛まれると痛いばかりか大けがをすることがある．こうした上下揃った切歯を使い，ウマは草を食いちぎり（喫食し），臼歯でかみつぶし（咀嚼し），飲み込む（嚥下する）．図 4.3 左に比較的草高が高い草地ときわめて草高が低い草地で食草するウマの写真を示した．草高が高い草地の食草行動はウシとみかけ上あまり変わりはないが，図 4.3 右のようなごく低草高のシバ草地などではウマは草地表面に口吻を押しつけるようにして，上下切歯で草を噛み取る．こうしたことからウマはウシより，より低い草高に適応的な草食動物であることがうかがえる．

ウマは他の草食動物と同様，食草行動は移動行動をともなう．厩舎などで給与された飼料を摂取する行動は喫食－咀嚼－嚥下の 3 動作で行われるが，放牧地ではこれに移動が入る．考えてみれば，野生状態の草食動物にはだれも飼料を給与してくれることはない．停止して摂取すれば目前の草はなくなるので，草食動物の栄養摂取は常時移動しながら行われる．すなわち，食草行動は摂取の 3 動作に加えて移動を含む行動である．

ウマの食草行動は移動しながら行われるが，摂取しながら歩くわけではない．草食動物特有の一旦停止して数回喫食し，また数歩歩いて停止し摂取するという独特の行動を示す．停止して，喫食する範囲は顔の前面の草地表面に扇形に広がった範囲であるとされ，これをフィーディング・ステーション（図 4.4 左上）といっている（Novellie, 1978）．フィーディング・ステーション（1）では通常前肢が停止した状態で牧草の喫食が数回行われ，ついで 1〜数歩移動して次のフィーディング・ステーション（2）に移動し，喫食を繰り返す（図 4.4 左下）．

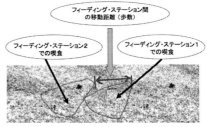

図 4.4 左上：ウマの食草時のフィーディング・ステーション，左下：フィーディング・ステーション間の移動，右：フィーディング・ステーションでの食草の課題

草食動物の食草行動はこうしたフィーディング・ステーションからフィーディング・ステーションへの移動という形で行われる．

各フィーディング・ステーションのどこを喫食するか，何回喫食するか，またフィーディング・ステーション間を何歩で移動するか，はウマの摂取行動に対するモチベーションと放牧地の状況によって変化する（図 4.4 右）．フィーディング・ステーション間の移動は改良された草地では 1 歩が通常もっとも多いが，野草地などでは数歩歩くこともある．9.2 節に，ウシとウマのフィーディング・ステーションにおける行動を林間放牧地などで検討した研究 (Shingu, 2010) から，ウマの採食戦略が解説されている．

冬期間の屋外飼育は東北地方の「寒立馬」が有名であるが，北海道和種馬は伝統的に周年屋外飼育されてきた．太平洋岸を中心に飼育されていた北海道和種馬は春季〜秋季は漁業で使役され，冬季は森林内で放牧飼育されていた（図 4.5）．このときの彼らの主たる飼料はミヤコザサである（4.4 節参照）．ミヤコザサはライフスパンが 18 カ月と長く，冬期間も緑色の葉を保ち，またその栄養成分はチモシーの 2 番乾草に似る (Kawai et al., 1999)．またモンゴルの遊牧民は彼らの家畜を「雪を掘るもの」と「掘らないもの」とし，冬季放牧に連れていく家畜と連れていかないものに分けるが，ウマは雪を掘るものに入る．北海道和種馬の冬季放牧でも彼らは積雪 40 cm 程度までは蹄で雪を掘り分けてササを探し出し摂取する（図 4.6）．

図 4.5　林間放牧地における冬期間の放牧（ミヤコザサを採食）

図 4.6　積雪量が 40 cm 程度までは雪を掘って
　　　　ササを採食

　なお，摂取行動とは呼べないが，ウマの食糞行動について触れておく．ウマが排泄された糞を食する行動は，三つのケースがあるとされている．第 1 は強いストレス下におかれた結果として，他の動物と同様に異常行動として発現した場合である．第 2 は摂取粗タンパク質が非常に不足した場合が考えられている．ウマの微生物発酵は盲結腸，とくに結腸で行われる（3.1 節参照）．微生物発酵により生成された揮発性脂肪酸やアンモニアは腸壁から吸収されるが，微生物自体は体タンパク質とともに糞中に排出される．したがって，ウマの糞中タンパク質含量は反芻動物の糞中タンパク質より高い．その結果，極度のタンパク質不足になった場合，ウマは糞食を行うという．

　第 3 として，哺乳子馬がその母馬の糞を採食する行動が観察されている．この場合，自分の母親の排泄糞しか摂取しないという報告がある（Crowell-Davis and Caudle, 1989）．母馬の腸内細菌を子馬の体内に移植させるためであろうと考えられている．

4.1.2 移動行動と歩法

ウマは移動に特色をもつ草食動物である．移動は足の運びにより歩法といわれ，大きく2種類ある．左右の足の運びが対称系になる対称的歩法と，左右の足の運びが対称的ではない非対称的歩法である．さらに前者には常歩（walk, ウォーク）と速歩（trot, トロット），後者には駈歩もしくは緩駆歩（canter, キャンター），襲歩もしくは駆歩（gallop, ギャロップ）と大きく分けられる．歩法の分類は様々であるが，ここでは徳力（1991）の分類に従い，図4.7のようにさらに速歩を斜対歩速歩と側対歩速歩に分けて示した．

一般に常歩はおよそ100 m/分，速歩は210〜240 m/分，駈歩は310〜520 m/分とされている．襲歩は競馬などでみられるようにウマが最高速度を出すときの歩法で，サラブレッド種で時速65 km，クオーターホースでは70 kmに達する．これは単純計算で分速1000 mを超える．襲歩の足の運びは基本的に駈歩と同じであるが，左前肢から始まる場合と右前肢から始まる場合があり，さらに回転襲歩（ロータリギャロップ）とよばれる歩法と交差襲歩（トランスバーギャロップ）とよばれる歩法がある．左手前の回転襲歩の着地順は左後→右後→右前→左前→四肢すべて離地となるが，交差襲歩では右後→左後→右前→左前→四肢すべて離地となる．このように回転襲歩では着地が回転順になるが，交差襲歩では右から左に交差する．回転襲歩はダッシュ力が強いがエ

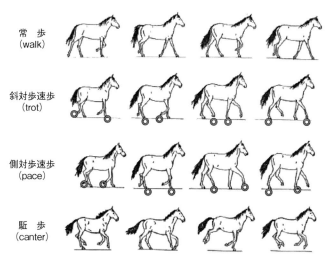

図4.7 ウマの歩法

ネルギー消費が激しく，競馬などでもスタート直後の短い距離で観察されるという．

斜対歩速歩は通常の常歩の回転が速くなったもので，右前と左後ろ，左前と右後ろ足が同時に前後する．一方，側対歩は右の前後肢および左側の全後肢が同時に前後して動く（図4.7の3段目）．斜対歩は1歩ごとに背線が上下し，騎乗した場合そのままでは騎乗者の座骨が1歩ごとに突き上げられる．これを緩和するために通常騎乗者はこの2拍子の突き上げを腰を持ち上げることによりゆったりとした4拍子に変える，いわゆる「反動を抜く」軽速歩（ポスティング）という独特の乗り方をする．

一方，側対歩速歩ではこうしたリズムの早い2拍子の振動はなく，全体に左右に揺れるような動きをする．日本には左右の手足を揃えて歩く「南蛮歩き」という独特の歩き方があったといわれるが，側対歩速歩はこれに似ている．また体の大きな動物，ゾウやキリンなどは歩くときも側対歩する．体重を左右に動かすことにより，よりエネルギーセーブで移動できるからだろう．ウマの側対歩速歩が省エネ的かどうかはわかっていない．

日本の在来馬である北海道和種馬の中には生まれつき自然に側対歩で速歩する個体が一定の割合で存在する（図4.8）．北海道では側対歩速歩をジミチと呼称しており，さらになめらかなジミチをアイビという．中央アジアの騎馬民族であるモンゴル族，カザフ族およびチベット族はこれをジョロックといい，珍重する．欧米の馬種では側対歩はペースといい，訓練によって側対歩さ

図4.8 側対歩するウマ
左：アルゼンチンのクリオージョが見せた側対歩（ペース）．右：駄載（ダンヅケ）した北海道和種馬の後ろ2頭は側対歩（ジミチ）．

せペーサーとするが，アイスランドポニーなどは生まれつき自然にペースを行う（ナチュラル・ペーサー）．つい先年，スウェーデンの研究者らがこのナチュラル・ペーサーの遺伝子解析により，独特の遺伝子をもつことを明らかにした（Andersson et al., 2013）．また，日本でもウマの遺伝子解析を行い，遺伝子型としてA/A，A/CおよびC/Cがあり，側対歩を示す北海道和種馬はA/AおよびA/Cをもつが，側対歩を示さない北海道和種馬および他の馬種はC/Cをもつことを明らかにした（上田ら，2013）．

4.1.3 休 息 行 動

　長時間移動しながら食草を続けるウマの休息は前述した1年間の行動観察によれば1日平均6時間程度であった．ただしこれは立位で動かないでいる時間をすべて立位休息とした時間である．

　ウマは往々にして立ったまま休息する（図4.9）．時には目を半分閉じて，後肢のどちらかを少し持ち上げ3本足で立つ姿勢でまどろんでいるようにみえる行動を示す．積雪時や降雨時にはやはり立ったままの休息が多い．豪雨の中でもじっと佇立して休息する．このとき，雨は毛の方向に従って体表面を流れ落ちる（図4.10）．

　横になって休息する時間は1年を通じて40～50分程度で非常に短い．ただし，厩舎に収容したウマでは比較的長く横になる．横になって休息する姿勢は2種類ある．伏臥位（図4.11）と横臥位（図4.12）である．成馬で横になって休息する姿勢は伏臥位が大部分で，横臥位はめずらしい．一方，子馬の休息時間は長い．出生直後の子馬は，授乳時以外は横臥しているようにさえみえる（図

図4.9　立位で休息するウマ

図4.10　豪雨の中で立位休息するウマ

図4.11 伏臥位で休息するウマ

図4.12 横臥位で休息するウマ

4.13).生後6カ月齢ほどで,成馬に近い休息時間に達する.

　ここで,ウマが起立から伏臥位などの地面に寝た状態に移る,もしくは伏臥位などから起立に移る動作について触れておく.ウマが起立位から伏臥もしくは横臥に移る最初の動作は,ウシなどとほぼ同じである.まず前肢を前膝の部分で折り曲げる.つい

図4.13 子馬の横臥休息

で,後肢を折り曲げて後駆を着地させる.伏臥ならば前肢は胸の下に折りたたまれ,後肢を左右どちらかに投げ出し,後駆の大腿部で地面に接する形になる.横臥の場合は前肢後肢とも左右どちらかに投げ出して体側部全体で地面に接する.一方,伏臥から起立に移行する動作はウシとウマでは異なる.ウシでは,起立から伏臥に移行する動作の逆となる.まず前肢を前膝の部分で折り曲げたまま前駆を持ち上げ,前肢を支点として頭部を前に長く伸ばして,釣り合いをとりながら後駆を持ち上げる.後駆が起立位置まで持ち上がったところで,前肢を延ばして完全な起立姿勢となる.一方,ウマでは伏臥から前肢を延ばしながら,その長い首とその先端の頭部を下から上に一気に振り回して,その勢いで後駆を持ち上げて,一瞬のうちに起立姿勢となる.なお,横臥位からは一旦伏臥位となってから,上記の動作で立ち上がるのはウシもウマも同様である.

4.1.4 親和行動とコミュニケーション

　群れの仲間どうしが互いに毛を舐めあったりする行動を相互グルーミング(ソシアル・グルーミング)とよび,親和行動の一種とされる(図4.14).こ

図 4.14　ウマどうしの相互グルーミング　　図 4.15　ウマとヒトとの相互グルーミング

の行動について，互いにかゆいところを噛み合っているとする解説もあるが，それ以上に両者の親和度を増すために行っているようにみえる．ヒトがウマの首を抱いて同じような姿勢をとると，ウマによっては馬どうしと同様な動作でヒトに対して相互グルーミングをすることがある（図 4.15）．子馬どうしではこうした相互グルーミングまでは至らず，互いに鼻面を寄せ合ったり，片方が片方の匂いを嗅いだり，舐めたりする親和行動が見られる．母子間では離乳間近の母馬が吸乳に来た子馬に対してやんわりと授乳を拒否し，そのまま相互グルーミング行動に至ることがある．

　ウマどうしのコミュニケーションについては，野生馬の行動を解説した 9.2 節に詳しく述べられている．ここでは，とくに意志を姿勢で示すボディランゲージのうち耳の動きと，鳴き声によるコミュニケーションについて触れる．よく知られているように，ウマの耳は明確なコミュニケーションの道具である．耳を伏せて後ろに倒す姿勢は警戒，好奇心，怒りを表している．ウマ関係者ではこの動作を「耳を背負う」といい，ウマが攻撃してくる可能性があることをいう．

　Warning（1983）によると，ウマの鳴き声は 50 ヘルツから 3 万ヘルツ付近まで広がっており，7 種類に分類されている．そのうち，nickers（典型的なヒヒーンという鳴き声），squeal（キーンといった子馬によくみられる甲高い鳴き声），whinny（ルルルルといった呼びかけ，返事），blow（息吹音），snort（息吹音）の 5 種はヒトも聞くことができるが，gron, snore という鳴き声はヒトの可聴域を超えており聞こえない．

　離乳前の子馬が母親を群れの中で見失うと，よく squeal で鳴く．それを聞きつけた母馬は，低く whinny で返事をし，子馬はそれを聞いて安心したり，母馬のもとに戻ってくる光景はよくみかける．

俗に「ウマが笑う」という行動がある。ヒトに笑いかけているようにみえるが，もちろん異なる．これは，鼻腔奥にある鋤鼻器という副鼻腔をふくらませて嗅覚センサーを拡張し，空気中の微小な匂い物質をより積極的に取り込もうという動作で，フレーメンという（図4.16）．ウマほど顕著ではないが，フレーメンはウシやネコ，イヌでも観察できる．発情中の雌馬の性

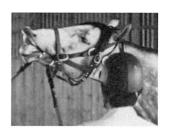

図 4.16 雌馬を前にした種雄馬のフレーメン

臭（estrous odour）を感知したときに頻繁にみかけるが，タバコの煙などをウマの鼻先に吹き付けると同じようにフレーメンをすることが多い．

4.1.5 護身行動

環境の変化に対して各個体が自らの体を防御する行動を護身行動という．たとえば非常な暑熱時に馬群が木陰などに密集する行動が観察されるが，これは直射日光を避けるための庇蔭行動で，護身行動の一部である．またこうした環境で急激に増加する刺咬性飛来昆虫から体の側面を保護するため，互いに寄り添ってそれぞれの尻尾で昆虫を追う姿勢であるとも解されている．

ウマが砂地や泥の中で寝ころび体を地表に擦り付ける行動はゴロうちといった俗称で知られている（図4.17）．汗をかいてからだが痒いときや体表面に付着した寄生虫などを落とすために行うといわれている．非常に暑い日などは川など水に入り水浴びをすることもある（図4.18）．

図 4.17 ゴロうちするウマ

図 4.18 水浴びするウマ

4.1.6 葛藤行動と異常行動

動物が「近づきたい」けど,同時に「逃げたい」といった二つの相反するモチベーションにおかれたとき,葛藤行動を示す.奇妙な形をした飼槽で空腹でも警戒心の強い動物に給餌すると,ある位置から近づけず,かといって逃げもせず,身繕いしたり地面を舐めたりする行動をいう.こうした葛藤行動は決して異常行動ではないが,葛藤が生じるような状況が長く続くと,動物は異常行動を示すようになる.異常行動とは,その行動の頻度と強度が正常な範囲を超えたものと定義されており,典型的なものとして同じ行動を繰り返すステレオタイプ行動がある.なお,ウマの異常行動についてはアニマルウェルフェアとの関連において,9.3節に述べられている.そこで,ここではウマの異常行動のうち,熊癖とさく癖について,おもに動作の観点から述べる.

熊癖(ふなゆすり,ウイービング)は馬房などで馬栓棒の前に顔を出したウマが左右に頭部をリズミカルに振る行動で,飼料給与の前など正常のウマでも見られるが,熊癖のウマでは常時この行動を示す.ひどくなると左右の前肢が順に上下し,さらには後肢まで上下させる.こうした行動を観察すると,実は当該馬は歩行をシミュレートしていることがみてとれる.馬房内では移動できないので,常歩時にみられる頭部の上下を行うかわりに左右に動かし,それに連れて四肢を順に踏んでいる.退屈な環境で運動が少なく,飼料が短時間で摂取できるような飼養環境で起こりやすいといわれ,乾草を網袋などに入れて与え,摂取に時間がかかるように処置すると症状が軽減するともいわれているが,効果がない場合もある.また遺伝性が強いともいわれている.

ウマの異常行動では俗称でグイッポといわれる行動が知られている.最初は馬栓棒や横柵などを常時囓るさく癖という行動が見られる.この行動が悪化すると,その姿勢から切歯を馬栓棒や横柵にあてがって空気を飲み込む行動「グイッポ」(バキューム・サックリング)に進展する(図 4.19).

このほか,ウマの異常行動には,常同行動として回ゆう癖などがあり,変則行動としてイヌのように座る犬座姿勢,異常反応として咬癖,

図 4.19 グイッポ(バキューム・サックリング)するウマ

蹴癖，無関心，後立ち，食糞などがある．また，子馬に与乳しない授乳拒否も異常生殖行動とされる．　　　　　　　　　　　　　　　　　〔近藤誠司〕

参　考　文　献

Crowell-Davis, S. L., Caudle, A. B. (1989)：Coprophagy by foals：recognition of maternal feces. *Appl. Anim. Behav. Sci.*, 24：267-272.

4.2　競走馬の運動科学

　ウマに負荷される運動の種類を大別すれば「走る」，「荷を運ぶ」，「跳ぶ」である．競走馬は競馬において，決められたルールで定められた負担重量（騎手，鞍，その他諸々）を背負って運ぶ．現在，競馬には平地と障害（障害は中央競馬のみ）競走があるが，競馬でウマが求められる一番の仕事は，定められた距離を速く走ることである．事実，競走馬はこの能力がより高まることを目的に交配されてきた．

　国内の競馬（帯広のばんえい競馬は除く）は，サラブレッド種，サラブレッド系，アングロアラブ種およびアラブ系で施行されていたが，現在国内の競馬はすべてサラブレッド種およびサラブレッド系競馬である．2013年3月に日本競馬における最後のアングロアラブ種競走馬が引退し，現在の競馬体系が維持されるならサラ系競走馬も将来的にいなくなることがほぼ確実である．海外においてはスターンダードブレッド種，トロッター種，クォーターホースおよび在来種など様々な品種の競走馬がいるが，事実上国内においては，競走馬とは中央もしくは地方競馬主催者の競走馬登録にあるサラブレッド種のことをいい，国内のサラブレッド種の生産のほとんどが競走馬にすることを目的に行われている．

4.2.1　サラブレッド種の運動能力

　競馬においてサラブレッド種は時速60km以上の速度で800〜3000mの距離を走ることができる．競走馬がこのような運動能力を発揮できる生理的な特徴を以下に示す．

①最大酸素摂取量が非常に高い．

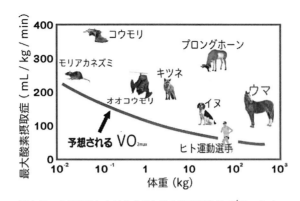

図 4.20　各種動物における体重と最大酸素摂取量（$\dot{V}O_{2max}$）との関係（Lindstedt et al., 1991）
体重の軽い小さな動物のほうが体重の重い大きな動物よりも $\dot{V}O_{2max}$ が高いことがわかる．

②筋肉に多量のエネルギー（とくにグリコーゲン）を貯蔵．
③大量の吸気を取り込むことに優れた骨格．
④貯蔵した脾臓血を運動開始のきわめて早いタイミングで動員できる．
⑤非常にエネルギー効率がよい歩法．
⑥体温調整能力が優れている．

　最大酸素摂取（$\dot{V}O_{2max}$）とは単位時間で最大に酸素を消費できる量であり，一般的に有酸素運動能力，持久力の指標として用いられる．酸素消費量とは，酸素を単に吸う量ではなく，肺の毛細管を介して体内に取り込んだ量である．図 4.20 に様々な動物種の体重あたりの最大酸素摂取量（$\dot{V}O_{2max}$）と体重の関係を示した（Lindstedt et al., 1991）．曲線は予想される体重あたりの $\dot{V}O_{2max}$ であり，体重との関係では体が小さい動物ほどこの値は大きい（Speakman et al., 2005）．ウマは体重がヒトの 7～10 倍であるにもかかわらず，体重あたりの $\dot{V}O_{2max}$ はヒトより大きい．

　ウマの筋肉 1 kg あたりのグリコーゲンは 500～650 mmol（units/kg）（グルコシル基単位）であり，ヒトの 320～400 mmol（units/kg）と比べても非常に多いことがわかる（The Athletic Horse, 2013）．ヒトのスポーツ選手が栄養処方としてグリコーゲンローディングを取り入れる場合があるが，サラブレッド種においてグリコーゲンローディングは成功しないとされている（Snow et al., 1994）．その理由のひとつとして，元来筋肉中のグリコーゲン含量が多く，

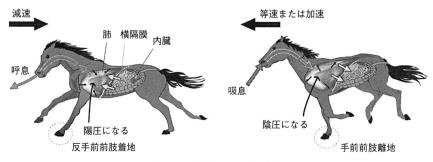

図 4.21　内臓ピストン説の概要
左図：反手前肢が着地し減速したとき，慣性の働きで内臓が横隔膜を押し，同時に肺から息が吐き出される．右図：手前肢が地面を蹴り加速するとき，内臓は慣性で横隔膜を後方に引く形になり胸腔が広がる．このタイミングで空気が口から肺に吸い込まれる．

栄養処方の調整程度では筋グリコーゲン含量が変化しにくいためと考えられる．

　ウマは鼻で呼吸し，駈歩および襲歩では1完歩あたり1呼吸する．駈歩時の呼吸の様子は"ふいご"にたとえられ，運動動作にともない内臓が肺を押し引きして呼吸を行われる．これを内臓ピストン（説）という（図4.21）．走りながら呼吸するウマの運動機構は競走に非常に適している．

　ウマは脾臓に全赤血球量の1/2〜1/3を蓄えており，運動開始にともなってそれを迅速に動員できる．このため運動負荷により劇的なヘマトクリット値の上昇がみられる（Thomas et al., 1981）．

　ウマの歩法の種類についての定義は様々だが，一般的にサラブレッド種の歩法は常歩，速歩，駈歩および襲歩の四つとされる（図4.7参照）．図4.22に示したのは各歩法における速度と1mあたりの酸素消費量（酸素コスト）の関係を示している（Hoyt et al., 1981）．常歩や速歩では速度が速まるにつれて酸素コストは小さくなり，ある速度以降においてコストは上昇していく．一番酸素コストの低いときの速度が，その歩法の中でもっとも効率的であるといえる．駈歩についても同様の結果が見られたのかは不明であるが（当時のシステムでそれ以上の走速度の実験が不可能であった），ある移動速度の範囲の中でもっとも低コストになるような歩法を選択しているといえる．

　運動を持続するためには，筋肉が産生した熱を血液に伝えることで体内部に逃し，発汗・蒸散などで環境に放熱する必要がある．ウマの体重あたりの体表

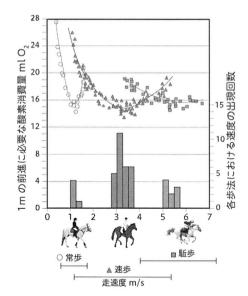

図4.22　歩法別の1m移動ごとの酸素消費量と走速度の関係
測定は段階的に速度を上げていき，上記の関係を常歩，速歩，駈歩で分けて示した．常歩では速度が上がるにつれ酸素消費量は減少していき，最低値に達した後，上昇していった．速歩においてもこの変化は同様であり，駈歩時も速度上昇につれ単位距離あたりの酸素消費量は低下していったが，トレッドミルの性能上これ以上の速度では実験が継続できなかった．このことから，すべての歩法において少ないエネルギーで走れるエネルギーの効率がよい走速度があることがわかる．棒グラフは，各歩法をさせ速度はウマ任せにしたときに，X軸の走速度で走った回数を示す．各歩法には最もエネルギー効率のよい速度があり，ウマは自発的に効率のよい速度で運動する．

面積は小さく，たとえば体重60 kgのヒトの体表面積は1.7 m^{2}であるのに対してウマは500 kgで5.0 m^{2}である（Hodgson et al., 1993；Rowell, 1986）．体表面積が小さいほど放熱には不利であるが，一方，発汗による皮膚表面温度の低下がヒトでは2℃なのに対し，ウマでは2.5℃以上だった（The Athletic Horse, 2013）．運動時にヒトの皮膚に流入する血流量は心拍出量血液の15%までだが，ウマは約20～25%の血流量が皮膚に分布していたことが報告されている（McConaghy et al., 2002）．車のラジエーターの流水量と同じで，皮膚への血流量が多いために冷却効果が高いと考えられる．

4.2.2　競走馬の栄養

競走馬への適正な栄養を知るためには，運動によって消費されるものを考え

る必要がある．

①運動のためのエネルギー⇒炭水化物，脂肪の給与量増加

②発汗による，水分，汗中に含まれる電解質をはじめとするミネラル⇒水分，ナトリウム，塩素，カリウム，カルシウム，マグネシウムなど

③筋肉再生のためのタンパク質⇒アミノ酸（中でも筋肉作りに必要なバリン，ロイシン，イソロイシンなど）

④骨形成など運動にともなう代謝活性で必要になるミネラル⇒カルシウム・リンなど

⑤エネルギーの補酵素となる物質⇒ビタミンB群など

⑥運動による酸化物質から体を守るための抗酸化物質⇒ビタミンE，ビタミンCなど

4.2.3 競走馬のエネルギー

筋肉はアデノシン三リン酸（ATP）がアデノシン二リン酸（ADP）に変わる過程で発生するエネルギーを用いて収縮する．このADPを再びATPに戻さなければ運動を続けられないため，ATPを再合成する必要がある．再合成の方法は，ATP-CP系，無酸素系，有酸素系の3種類に分けられる（図4.23）．

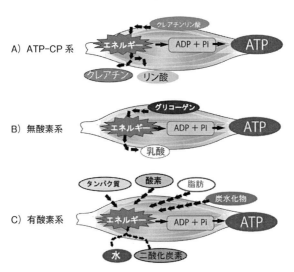

図4.23 筋肉内のエネルギー生成機構
ADP：アデノシン二リン酸，Pi：リン酸，ATP：アデノシン三リン酸．

A）ATP-CP系： 筋線維内に含まれるクレアチンリン酸（CP）がクレアチンとリン酸基に分解する際に生成されるエネルギーを利用して，ADPをATPへと再合成する．短時間の強い運動のときに使われるが，CPの蓄積量はきわめて少なく短時間でなくなる．

B）無酸素系： 筋線維内に蓄えられているグリコーゲンが乳酸に変えられる際に生成されたエネルギーを利用してADPをATPに再合成する．上記のATP-CP系よりも長時間の全力運動のときに使われる．

C）有酸素系： 体内に蓄えられている炭水化物，脂肪およびタンパク質を水と二酸化炭素に分解する過程で生成するエネルギーを利用してADPをATPに再合成する．三つのシステムの中ではエネルギーの生成効率が悪いが，エネルギーの基質である炭水化物，脂肪は体内に豊富に貯蔵されており，エネルギー生成量が一番多い．安静時や大きな力を発揮しない長時間の運動時にこのシステムが使われる．

炭水化物は筋肉や肝臓にグリコーゲン，遊離の血中グルコースとして体内に蓄えられる．グリコーゲンの90〜95%は筋肉中に蓄えられる．グリコーゲンはデンプン（植物が炭水化物を蓄える形）と同様に単糖が重合した大きな分子量の物質である．通常のサラブレッド種は体内にグリコーゲンを約1500 g，カロリーに換算すると約17.9メガカロリー相当蓄えている．

脂肪の蓄積量は炭水化物よりも多く，脂肪組織として皮下，内臓および少量が筋肉内に蓄えられている．サラブレッド種は約25 kgの脂肪を蓄えており，

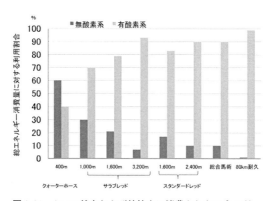

図4.24 ウマの競走および競技中に消費されたエネルギー中の無酸素系および有酸素系生成の推定割合
（Hodgson et al., 2013）

そのエネルギー量は約153メガカロリーになる．過度な脂肪の蓄積は重量負担になるほか，筋肉をおおうことによって熱の放散を阻害するため，運動に際して不利になる．

ヒトが高強度の運動を1分行うと，エネルギー生成の50%が無酸素系のエネルギー生成に依存することが報告されている（Hermansen et al., 1984）．競走馬の場合，1000 mの競馬で無酸素系のエネルギー生成は全体の30%程度である（Eaton et al., 1995）（図4.24）．一般的な競馬（国内の競馬では1000〜3000 mの距離をおおよそ1〜3分で走破）におけるウマの運動負荷は，ヒトの

表4.1 様々な走行距離における筋グリコーゲンの利用量変化

走行距離	平均走速度		グリコーゲン利用量*
	m/min	ハロン/s	
競馬（506 m）	870	13.8	149.4
800 m	920	13.0	191.9
1025 m	846	14.2	129.3
1200 m	960	12.5	126.5
1600 m	756	15.9	66.5
3620 m	684	17.5	18.8

＊：単位は mmol グルコシル基単位 /kg muscle/min.
ウマの安静時の筋肉中グリコーゲン量は500〜650 mmol（グルコシル基単位）/kg muscle/min. 1000 m以下の競馬は国内でほとんどなく，1025 mの競馬の場合，$129.3 \div 500 \times 100 \fallingdotseq 26\%$程度のグリコーゲンの消耗.

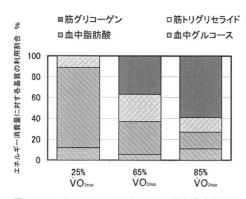

図4.25 ヒトが25%，65%と85%の最大酸素摂取量（$\dot{V}O_{2max}$）の異なる強度の運動をしたときのエネルギー消費量に対する炭水化物と脂肪の利用割合（Romijin et al., 1993）

中距離競技（400〜1500 m 走）に近いと考えられている．また競馬で消費される筋グリコーゲンは，全蓄積量の約 25〜35% 程度である（Eaton et al., 1995）（表4.1）．筋肉中のグリコーゲン濃度が高いと運動中にすみやかな利用が可能となり（Lacombe et al., 1985；Lacombe et al., 2003），このことはとくに競馬において有利になる可能性がある．少なくとも，筋肉中のグリコーゲン濃度が低い場合は，競走馬の能力が発揮できないことは確かである．

運動時に炭水化物と脂肪がエネルギーとして利用される割合は，運動強

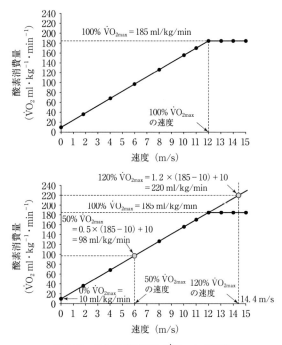

図 4.26　最大酸素摂取量（$\dot{V}O_{2max}$）の概説

上図：酸素摂取量（$\dot{V}O_2$ ml/kg/min）は走速度と有意な正の相関をもつ．しかし，ある走速度以上では $\dot{V}O_2$ は一定の値に留まり，この値が最大酸素摂取量（$\dot{V}O_{2max}$）である．$\dot{V}O_{2max}$ に到達する地点の走速度は 100%$\dot{V}O_{2max}$ の速度とよばれる．$\dot{V}O_{2max}$ に達したところで有酸素的なエネルギー供給は限界に達したことになるが，無酸素系のエネルギーがあるため 100%$\dot{V}O_{2max}$ の速度以上でも走ることができる．

下図：速度が 0 でも酸素は消費する．このときの $\dot{V}O_2$ は 10 ml/kg/min であり，0%$\dot{V}O_{2max}$ といいかえる．M%$\dot{V}O_{2max}$ は，(M/100)×(100%$\dot{V}O_{2max}$ − 0%$\dot{V}O_{2max}$) + 0%$\dot{V}O_{2max}$ である．したがって，120%$\dot{V}O_{2max}$ は，120%$\dot{V}O_{2max}$ = 1.2×(100%$\dot{V}O_{2max}$ − 0%$\dot{V}O_{2max}$) + 0%$\dot{V}O_{2max}$ = 1.2×(185 − 10) + 10 = 220 (ml/kg/min) となる．120%$\dot{V}O_{2max}$ 速度は走速度の回帰直線を延長して y の値が 220 になるときの x の値であり，(120%$\dot{V}O_{2max}$ − 0%$\dot{V}O_{2max}$) ÷ (100%$\dot{V}O_{2max}$ − 0%$\dot{V}O_{2max}$) × v(100%$\dot{V}O_{2max}$ の速度) = (220 − 10) ÷ (185 − 10) × 12 ≒ 14.4 m/s となる．50%$\dot{V}O_{2max}$ も同様に計算する．

度，運動時間，日常の食事および運動時の栄養摂取状況などに影響されるが，一番影響を与えるのは運動強度である．図 4.25 で示した運動強度は 25，65，85%$\dot{V}O_{2max}$ の順に強くなる．軽強度のとき，炭水化物に比べ脂肪が優先的に利用される．

運動強度とはその運動による負担度を相対的に評価するための指標である．体力のある個体 A と体力のない個体 B が同じ走速度で運動した場合，生体に及ぼされる負担度は当然異なる．個体 A と個体 B に相対的に同じ強度の運動負荷を与えるため，指標に用いられるのが最大酸素摂取量（$\dot{V}O_{2max}$）である．運動時の酸素消費量と走速度の関係は正の相関関係を示すが，ある走速度以降は酸素消費量の増加がなくなり平行に推移する（図 4.26）．このときの酸素摂取量が $\dot{V}O_{2max}$ であり，走速度を 100%$\dot{V}O_{2max}$ 速度と表現する．

ウマで 30%$\dot{V}O_{2max}$ の強度の運動を負荷した場合，脂肪がエネルギーとして利用された割合は 55%，65%$\dot{V}O_{2max}$ の強度のときの脂肪の利用割合は 25% であることが報告されている（Geor et al., 2000）．競馬や調教において 100%$\dot{V}O_{2max}$ の強度で運動する場合が大半を占めることから推察すると，競走馬の炭水化物と比較した脂肪のエネルギー利用割合はかなり低いと考えられる．

ウマが 30% と 65% の $\dot{V}O_{2max}$ 強度の運動をした場合，生成エネルギー全体に対する筋グリコーゲンの利用割合は，それぞれ 30% と 55% であった（Geor et al., 2000）．ウマの筋グリコーゲンの回復速度は遅く，強度の強い運動や長時間の運動を連日実施すべきではない．

4.2.4 水と電解質

運動負荷を行っている馬では発汗による水分の損失は著しい．体重の 2% 以上，すなわち体重 500 kg の馬が 10 kg の水分を失った場合，体温調整や循環機能に支障をきたす．ウマやヒトは他の動物と比べても発汗量が多い．

ウマの汗中の電解質（ナトリウム，塩素，カリウム）濃度はヒトよりも濃く（図 4.27），運動によって非常に多くの電解質（ナトリウム，塩素，カリウム）を失うことになる．電解質より損失量は少ないが，カルシウム，マグネシウム，亜鉛，鉄，銅なども汗と同時に失われる．

脱水状態のときには発汗を抑えるような体内調整が働くが，このことが熱放

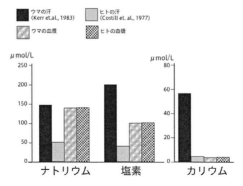

図 4.27　ウマとヒトの汗中および血漿中電解質濃度の比較

散を妨げる．脱水は運動能力を低下させ，気道の炎症や疝痛を発症しやすくさせる．脱水状態は以下のような方法で判断する．
○上唇を持ち上げて，歯茎の部分を指で押してから離すと白い痕がつき，徐々に血流が戻ってピンク色になる．この戻る時間が2秒以上かかる場合，脱水症状を疑う必要がある．
○ウマの頸部の皮膚を約5cmの間隔でつまみ上げて離す．皮膚の戻りが2秒以上かかるようであれば脱水症状の疑いがある．
○馬房内に水桶を設置し，6〜8時間後に水の減った量から判断する．
○ウマの口腔内に水分があるか確認し，舌が湿っているかを見る．
○眼球陥凹や，眼に輝きがない場合は脱水の症状を疑う．

　水分だけでなく電解質も多く損失しているため，これも補充する必要がある．ミネラルのうちナトリウムだけは，不足した場合ウマは自ら塩分を欲する．したがって，馬房内に鉱塩を置いて自由に舐めさせることで電解質をある程度補充できる．しかし，鉱塩には苦味のあるマグネシウムなども入っており，ウマは基本的に苦味を嫌うため舐めない個体もいることが報告されている（Kölle, 1984）．より確実に電解質を摂取させるためには飼葉にも食塩を入れておく．非常に強い運動で多量に発汗したとき，日量で150gの食塩給与が必要な場合がある（Kingston et al., 1997）．

　競走馬は，運動以外の時間は常に自由に新鮮な水が飲める状態にしておくことが重要である．摂取する水溶液の浸透圧が体内水分と同等（等浸透圧）であ

れば，生体内への取り込みはすみやかである．ヒトでは等浸透圧であるアイソトニック飲料が好んで水分や電解質補給に用いられ，ウマにおいてもヒトと同様の効果が期待できるかもしれない（Thomas et al., 1981）．粉末にして市販されているものをそのまま飼葉に入れる事例がみられるが，水溶液になっていなければすみやかに体内吸収されるという効果はない．ウマとヒトで体内溶液の濃度に大差はなく細胞膜を通過する浸透圧にも差がないため，ヒトが飲む場合と同様の濃度で希釈すべきである．ウマは用心深いので，アイソトニック飲料の味をウマが受け入れているのか確認することも重要である．ちなみに，水1リットルに対して食塩90gを混合したくらいの濃度が，馬の体内溶液濃度に近いものとなる．

4.2.5　その他の運動栄養

競走馬には必須アミノ酸の豊富な良質のタンパク質を給与することは好ましいが，過剰な給与は避けるべきである．1800 g/日（要求量の約1.8倍）のタンパク質を給与した場合，血中のアンモニア濃度の上昇により運動能力の発揮が阻害される可能性が懸念される（Miller et al., 1988）．

競走馬におけるカルシウム，リンの要求量は非運動負荷ウマのおおよそ2倍であり，体重500 kgの競走馬の要求量は1日あたりカルシウム40 g，リン29 gである．競走馬のエネルギー代謝の補酵素であるビタミンB1要求量は非使役馬の2倍以上（体重500 kgの競走馬で1日あたり62.5 g，非使役馬30 g）であるが，基本的には飼料に添加する必要がないとされている（第3章参照）．抗酸化作用のあるビタミンE要求量は非使役馬の2倍（1000 IU）であり，場合により添加剤などの利用を推奨する．

4.2.6　競走馬の筋線維タイプ

筋線維は収縮特性や代謝特性からいくつかのタイプに分類され，サラブレッドではタイプI，タイプIIaおよびタイプIIxに分けられる（表4.2）．発揮する力は大きくないが持久力のある遅筋線維（遅筋）と，発揮する力は大きいが持久力のない速筋線維（速筋）に分けることもでき，タイプIは遅筋，タイプIIxは典型的な速筋で，タイプIIaは速筋ではあるが遅筋の要素も併せもつ．競走馬では筋線維全体のうち速筋が75〜80%を占め，ヒトの短距離選手に近

表 4.2　筋線維タイプの機能的特徴

	タイプ I	タイプ II a	タイプ II x
瞬発性（収縮の速度）	低	中間	高
持久力	高	中間	低
グリコーゲン蓄積能	中間	高	高

いが，エンデュランスホースの遅筋は 30% 以下である．ヒトの運動選手では競技により筋線維タイプの割合は大きく異なるが，ウマは種目にかかわらず基本的に筋線維のバランスは速筋に偏っている．

4.2.7　競走馬の胃潰瘍

　サラブレッド競走馬の 8～9 割は胃潰瘍を発症しており，舎飼いのウマの中でも胃潰瘍を発症していないものは少ないと考えられる．ウマの胃は腺部（胃酸などが分泌される部位）と無腺部に分かれており，無腺部の胃粘膜が胃酸に晒されることによって胃潰瘍が発症する．ヒトの胃潰瘍はピロリ菌を介して発症する場合が大半であるが，ウマの胃にはピロリ菌はいない．ウマにおける胃潰瘍は，運動と舎飼いにおける飼養管理方法が大きな要因となっている．上述の内臓ピストン呼吸により，呼吸時に内臓がダイナミックな動きをするため，胃にも繰り返して大きな圧力がかかる．そのことで胃内が撹拌され胃酸によって無腺部が浸食され，さらに代謝が活発になり胃酸の分泌が高まることで，強い運動負荷をされているウマは胃潰瘍になりやすいと考えられている．また，採食時にアルカリ性の唾液は食塊とともに胃に入り，胃酸に対して緩衝的に働く．ウマは不断食の動物といわれるように，自然界においては少量ずつ，ほぼたえまなく牧草と同時に唾液を胃に入れている．しかし，舎飼いの場合，野飼いに比べて採食している時間が少なくなり，緩衝剤となる唾液が胃に入らないため胃酸に冒され胃潰瘍になる可能性が高まる．そのためなるべく飼料給与回数を多くする，飼料採食時間を長くすることが重要である．乾草であれば切草より，より咀嚼時間を要する長いままの乾草摂取が好ましい．その他の対策として，酸に対してタンパク質が緩衝的働きをすることからタンパク質の豊富なアルファルファ乾草摂取や，消化に時間がかかり胃内への滞留時間を延ばす植物油の摂取が推奨されている．

〔松井　朗〕

参 考 文 献

Eaton, M. D., Evans, D. L., Hodgson, D. R., Rose, R. J. (1995):Maximal accumulated oxygen deficit in thoroughbred horses. *J. Appl. Physiol.*, **78**:1564-1568.

Evans, D. L. (1987):Maximum oxygen uptake in racehorses:changes with training state and prediction from submaximal cardiorespiratory measurements. In Equine Exercise Physiology 2 (eds Gillespie, J. R., Robinson, N. E.), pp. 52-67, ICEEP Publications, Davis, CA.

Geor, R. J., Hinchcliff, K. W., Sams, R. A. (2000):Beta-adrenergic blockade augments glucose utilization in horses during graded exercise. *J. Appl. Physiol.*, **89**:1086-1098.

Geor, R. J., Larsen, L., Waterfall, H. L., Stewart-Hunt, L., McCutcheon, L. J. (2006):Route of carbohydrate administration affects early post exercise muscle glycogen storage in horses. *Equine Vet. J.*, Suppl 590-595.

Hermansen, L., Medbo, J. (1984):The relative significance of aerobic and anaerobic processes during maximal exercise of short duration. *Med Sports Sci.*, **17**:56.

Hodgson, D. R., McCutcheon, L. J., Byrd, S. K., Brown, W. S., Bayly, W. M., Brengelmann, G. L., Gollnick, P. D. (1993):Dissipation of metabolic heat in the horse during exercise. *J. Appl. Physiol.*, **74**:1161-1170.

Hodgson, D. R., McGowan, C. A., McKeever, K. E. (2013):The Athletic Horse:Principles and Practice of Equine Sports Medicine (2nd edition), W. B. Saunders.

Hoyt, D. F., Taylor, C. R. (1981):Gait and the energetics of locomotion in horses. *Nature*, **292**:239-240.

Kingston, J. K., Geor, R. J., McCutcheon, L. J. (1997):Use of dew-point hygrometry, direct sweat collection, and measurement of body water losses to determine sweating rates in exercising horses. *Am. J. Vet. Res.*, **58**:175-181.

Kölle, H. (1984):Über die Fütterungspraxis von Hochleistungspferden sowie die Tränkwasseraufnahme (mit und ohne Salz/Glucosezusatz) bei Pferden während und nach körperlicher Belastung. Hannover, Tierärztl. Hochschule, Diss.

Lacombe, V. A., Hinchcliff, K. W., Geor, R. J., Baskin, C. R. (2001):Muscle glycogen depletion and subsequent replenishment affect anaerobic capacity of horses. *J. Appl. Physiol.*, **91**:1782-1790.

Lacombe, V. A., Hinchcliff, K. W., Taylor, L. E. (2003):Interactions of substrate availability, exercise performance, and nutrition with muscle glycogen metabolism in horses. *J. Am. Vet. Med. Assoc.*, **223**:1576-1585.

Lindstedt, S. L., Hokanson, J. F., Wells, D. J., Swain, S. D., Hoppeler, H., Navarro, V. (1991): Running energetics in the pronghorn antelope. *Nature*, **353**:748-750.

McConaghy, F. F., Hodgson, D. R., Hales, J. R., Rose, R. J. (2002):Thermoregulatory-induced compromise of muscle blood flow in ponies during intense exercise in the heat: a contributor to the onset of fatigue? *Equine Vet. J.*, Suppl 491-495.

Miller, P. A., Lawrence, L. M. (1988):The effect of dietary protein level on exercising horses. *J. Anim. Sci.*, **66**:2185-2192.

Romijn, J. A., Coyle, E. F., Sidossis, L. S., Gastaldelli, A., Horowitz, J. F., Endert, E., Wolfe, R. R. (1993):Regulation of endogenous fat and carbohydrate metabolism in relation to

exercise intensity and duration. *Am. J. Physiol.*, **265**: E380-391.
Rose, R. J., Hodgson, D. R., Bayly, W. M., Gollnick, P. D. (1990): Kinetics of VO_2 and VCO_2 in the horse and comparison of five methods for determination of maximum oxygen uptake. *Equine Vet. J.*, Suppl 39-42.
Rowell, L. B. (1986): Human Circulation: Regulation during Physical Stress. New York, Oxford University Press.
Snow, D. H. (1994): Ergogenic aids to performance in the race horse: nutrients or drugs. *J. Nutr.*, **124**: 2730S-2735S.
Speakman, J. R. (2005): Body size, energy metabolism and lifespan. *J. Exp. Biol.*, **208**: 1717-1730.
Thomas, D. P., Fregin, G. F. (1981): Cardiorespiratory and metabolic responses to treadmill exercise in the horse. *J. Appl. Physiol. Respir. Environ. Exerc. Physiol.*, **50**: 864-868.

4.3　乗用馬の運動科学

4.3.1　乗用馬の用途の広がり

　ウマは家畜化されて以降，おもに労役や輸送手段のための役畜として利用されてきたが，20世紀に急速に発展したモータリゼーションによって，役畜としての役割は機械にとってかわられた．しかし近年，乗馬に関する世界的な関心は確実に高まっている．フランス外務省によると，フランスでは国立種馬牧場や国立馬術学校が馬術の伝統を守る一方で，オリンピック代表チームの活躍，少年少女を対象とした乗馬教室の普及，芸術創作や治安維持と，乗用馬の用途は大きく広がってきており，乗馬人口は150万人を数えるという．フランス馬術連盟の登録者数は1987年に20万人であったところ，2001年には40万人を超え，ポニーで乗馬に親しむ子どもたちも36万人にのぼる．英国，ドイツ，米国，オーストラリア，あるいはニュージーランドでも乗馬に対する社会的需要は高まっているが，農林水産省によると，日本の乗馬人口（乗馬クラブに所属している個人会員および団体会員に所属する会員数の合計）も1985年に1万6千人，1993年に5万人，2010年に7万1千人と着実に増加している．乗用馬に対する社会的需要の中でとくに注目すべきは，「福祉・医療・教育分野でのウマの用途」の拡大である．これには障害者の乗馬，野山をウマで散策して健康増進を図るホーストレッキング，あるいは介在教育馬の幼稚園・保育園，小学校等への導入が含まれる．

　障害者の乗馬は一般的に，その目的の違いから乗馬療法と障害者乗馬の大き

く二つに分類できる．前者は障害者のリハビリテーションを目的とする医療行為であり，ウマをヒトの身体機能あるいは精神機能の向上に積極的に活用する治療である．後者は治療を第一目的とはせずに，障害者のquality of lifeの向上，レクリエーションあるいはスポーツのために，健常者と同様に障害者にもウマに接する機会を提供することを目的とする活動である．これは，障害者の乗馬が動物介在療法（animal assisted therapy：AAT）と動物介在活動（animal assisted activity：AAA）に分類されることに対応した考え方である．また，ホーストレッキングとは，競争でも競技でもなく一般の人々が楽しみ，スポーツあるいは気分転換のために野山をウマで散策する活動であり，乗馬運動と森林浴を兼ねたレジャーといえる．さらに，一部の小学校や幼稚園・保育園ではウマを教材として活用し，児童や園児が飼育管理，曳き馬，さらには乗馬運動を体験するといった動物介在教育も展開されている．これらの活動は，労役や輸送といった従来の用途からヒトの心身の健康に対する貢献へとウマの用途が広がった形だととらえることができる．したがって，福祉・医療・教育分野に貢献するウマについて，アニマルサイエンスの視点から乗用馬の運動科学を駆使して研究し，より安全かつ効果的な活用を目指すことが重要となる．

筆者は，乗用馬の科学についてウマ側とヒト側の双方向から，またウマとヒトの関係にも着目して一連の研究を行っている．ここではリズムをキーワードとして，ウマの体格と振動の関係，最大許容負荷重量，ホーストレッキングにおける騎乗者の自律神経活動と心理状態の変化，および同じくホーストレッキングにおけるウマのストレス応答について概説する．

4.3.2　体格と振動の関係

ハノーバー，オルデンブルグ，ウエストファーレンのドイツ原産馬，アンダルシア，およびセルフランセの3群間における運動の違いを評価した研究（Barrey et al., 2002）によると，ドイツ原産馬とセルフランセの違いが小さく，アンダルシアが他の2群と大きく異なるとし，ドイツ原産馬が大きくかつ規則的な鉛直運動をするため馬場馬術競技に適し，アンダルシアは牧場での作業や古典馬術でよく用いられる収縮歩法に適する．ここでの品種間差は体格の違いとして議論されており，アンダルシアが他の2群に比べて体高，背部長，四肢の長さが小さく，関節角度が小さい．また，馬術競技におけるエリート馬と一

般的な能力のウマにおける体格の違いをスウェーデン温血種を用いて解析した研究（Holmström et al., 1990）によると，エリート馬は大きな飛節角と傾斜した肩甲骨を特徴とし，とくに障害飛越におけるエリート馬では前肢の繋関節角が小さく，ウマの能力の違いはウマの体格の違いから説明できるとされる．

　これらの研究をもとに，障害者用の乗馬の選択法に関して基礎的な知見を得るため，筆者らはウマの体格が騎乗者の振動に及ぼす影響と，これらと障害者用乗馬としての評価の関係について，体高が 124.7 cm から 172.5 cm の乗用馬 35 頭（アメリカンクォーターホース，サラブレッド，アングロアラブ，トロッター，北海道和種馬，木曽馬，ニュージーランドポニー，および交雑種）を用いて研究を行った．

　ウマの体格測定には実測値および画像解析値を用い，体各部の長さおよびそれらの角度などを算出し，25 個の指標により評価を行った．クラスター分析により体格の特徴から 35 頭の供試動物をカテゴライズした結果，体高が低く躯幹の細いウマ，体高が低く躯幹の太いウマ，体高が高く躯幹の細いウマ，および体高が高く躯幹の太いウマの4群に分類できた．騎乗者の振動は，30 m の直線走路上を常歩および速歩する際の騎乗者腰部の加速度変化を2回積分して振動波形を算出して評価した．また，ウマの評価は，障害者乗馬のレッスン目的に対するウマの適否と騎乗者の障害のタイプに対するウマの適否の合計 27 項目からなる質問について，障害者乗馬インストラクターの5段階評価により分析した．

　その結果，体高の低い群では高い群に比べて，常歩時および速歩時でともに騎乗者の振動周波数が高く（テンポが速く），速歩時の鉛直および前後振幅が小さかった．体高が低いウマは騎乗者の機敏さの向上に対して評価が高く，サイドウォーカー（障害者乗馬のレッスンにおいて騎乗者の左右両側あるいは片側について騎乗者を物理的に介助する人）を必要とする騎乗者に対して評価が高かった．また，躯幹の太い群では細い群に比べて，常歩時の鉛直振幅が小さく，速歩時の左右振幅が大きかった．躯幹の太いウマは，騎乗者の筋肉を弛緩させるため高緊張の騎乗者に利用でき，バランスの不安定な状態の騎乗者に対する評価も高かった（Matsuura et al., 2008）．これらの結果から，体高が低く躯幹の太いウマが障害者用の乗馬として高い評価をもつことがわかる．このような体格は北海道和種馬や木曽馬，あるいは対州馬などといった日本在来馬に

多くみられる体型であることから，日本在来馬の動物介在活動・療法分野での活躍が期待できる．

4.3.3 最大許容負荷重量

前述のとおり，体高が低く躯幹の太い体格を有する日本在来馬は動物介在活動・療法用の乗馬として高い評価をもつ．日本在来馬は日本の気候・風土の中で育種選抜されてきたため飼育管理が容易である上，脚部が頑丈で粗食に耐えるという特長を有する．しかし，従来の用途に限定すれば存在価値は乏しく，現在飼養頭数は2000頭を割り，その保存には有効活用する道を見出すほかにない．日本在来馬の動物介在活動・療法分野での復興は，絶滅が危惧される日本の動物資源を活用しながら保存し，さらには再興していく点できわめて重要であると考えられる．

一方で，日本在来馬は小型であるがゆえ，重い人を乗せると安定な歩行運動を維持できない場合がしばしばある．そのため，騎乗者の制限体重を設ける必要があるが，その基準を明らかにした研究はほとんどない．ウマに負荷できる重量の上限，すなわち最大許容負荷重量を客観的に明らかにできれば，ウマのウェルフェアおよび騎乗者の安全性は格段に向上すると考えられる．筆者らは日本在来馬の最大許容負荷重量について一連の研究を行っているが，ここでは対州馬（図4.28）に関する研究成果（Matsuura et al., 2013）を紹介する．

測定には斜対歩する対州馬7頭（平均体高123.9 cm，平均推定体重231.6 kg）を用い，乗馬経験があり体に不自由のない体重53 kgの成人男性1名が騎乗した．騎乗者および鞍などの馬装一式および重りを合わせた総重量70 kgから測定を開始し，その後は80, 90, 100, 110, 120 kgの五つの重量を

図4.28 対州馬（左：正面から，右：側面から）

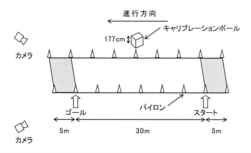

図 4.29　測定用コース（上）と実際の測定の様子（下）
(Matsuura et al., 2013 の図 1, 一部改変)

ランダムな順で測定し，最後にウマの疲労を把握するために再び 70 kg で測定を行った．40 m の直線走路上を秒速 3 m で速歩させ，ゴール付近から 2 台の高解像度デジタルビデオカメラで速歩の動作を撮影し（図 4.29），鉛直方向の振動を解析とした．自己相関関数の手法によりウマの振動の左右対称性，規則性，および安定性を指標として算出し（図 4.30），これらの指標が低下する重さを最大許容負荷重量とした．

その結果，ウマの振動の左右対称性は 120 kg（0.54）で最初の 70 kg（0.75）に比べて有意に低下し（$P<0.05$），安定性は 100 kg（1.17）と 110 kg（1.17）で最初の 70 kg（1.46）より有意に低下した（$P<0.05$，図 4.31）．これらの結果から，対州馬を比較的短い直線走路で斜対歩させる条件下では，最大許容負荷重量は 100 kg，馬体重の 43% であると結論づけた．他の文献では最大許容負荷重量は，障害者乗馬のレッスンでは馬体重の 16～17%（RDA Japan, 2005），軽種馬で速歩と駆歩をする場合 25～30%（Powell et al., 2008），数時間の一般的な使役用途では馬体重の 1/3～1/2（Hadrill, 2002）と報告されている．これらの文献値と比較しても，対州馬はまさに小さくて力持ちであるといえよう．

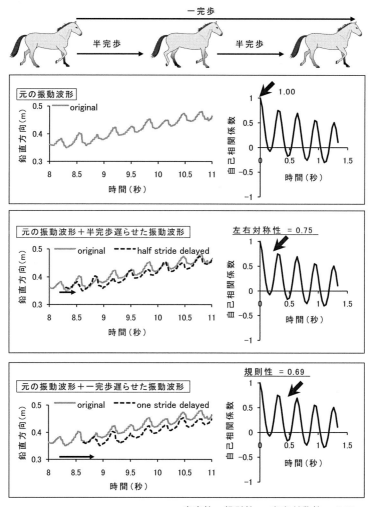

図 4.30 左右対称性,規則性,安定性 (Matsuura et al., 2013 の図 2,一部改変)

もとの振動波形をまったく遅らせなければ,自己相関係数は 1 である (図中上段).もとの振動波形を半完歩分遅らせたとき (図中中段),もとの振動波形と半完歩分遅らせた振動波形の自己相関係数はふたつの隣接する半完歩の間の相関を示す.あるひとつの半完歩と次の半完歩の間の相関は半完歩ごとの振動の相関を意味するため,左右対称性の指標となる.そのため,もとの振動波形と半完歩分遅らせた振動波形の自己相関係数は左右対称性の指標として利用できる.同様に,もとの振動波形を半完歩ふたつ分,すなわち 1 完歩分遅らせたとき (図中下段),もとの振動波形と 1 完歩分遅らせた振動波形の自己相関係数は,ふたつの隣接する 1 完歩の間の相関を示す.あるひとつの 1 完歩と次の 1 完歩の間の相関は 1 完歩ごとの相関を意味するため,規則性の指標となる.そのため,もとの振動波形と 1 完歩分遅らせた振動波形の自己相関係数は規則性の指標として利用できる.また,安定性の指標は,左右対称性と規則性の和とした.

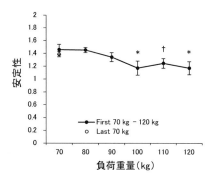

図 4.31 安定性に及ぼす負荷重量の影響（Matsuura et al., 2013 の図 4, 一部改変）
平均値 ± 標準誤差（$n=7$）を示す．黒丸は最初の 70 kg から 120 kg までの値を示し，白丸は最後の 70 kg での値を示す．
*: $P<0.05$ vs. the first 70 kg, †: $P<0.1$ vs. the first 70 kg.

4.3.4 ホーストレッキングによる自律神経活動と心理状態の変化

ヒト側の研究として，乗馬運動が人体に及ぼす好影響についても触れておく．競技志向の馬術はいわゆる芸術であるから，馬術競技における騎乗者は健康増進をおもな目的として鍛錬に励むことはない．一方，年齢や性別，もしくは騎乗技術に関係なく楽しむことができるホーストレッキングでなら，たとえ激しいウマの動きに対応するのが困難な身体障害者や初心者，あるいは力の弱い子どもであっても，常歩で乗馬運動を楽しむことができる．なぜなら，狭い馬場内を周回する退屈な運動ではなく，常に景色が変わり，木漏れ日を受けながら野花を眺めたり起伏に富むコースでウマに揺られるからである．そこで，19 歳から 25 歳の乗馬初心者 26 名を対象として，ホーストレッキングが騎乗者の自律神経活動および心理状態に及ぼす影響について研究することとした (Matsuura et al., 2011)．ところで，この研究がリズムに関するのかと疑問を抱く読者もおられるかと思うが，自律神経活動の評価には周波数解析（あるいはスペクトル解析）という波形のリズムを解析するための手法が用いられる．詳しくは他書を参照されたい（林, 1999）.

さて，この研究の測定は北里大学獣医学部のある十和田キャンパス内の農道および林道コースを常歩・曳き馬で 30 分間ホーストレッキング運動を行うといった条件下で実施された（図 4.32）．供試動物は体高 167.2 cm，体重

図 4.32 ホーストレッキング時の人馬 (Matsuura et al., 2011 の図 1, 一部改変) 常歩・曳き馬で 30 分間運動した.

503 kg の去勢雄のサラブレッドであった. 騎乗者の自律神経活動は心電図 RR 間隔変動解析により, 心理状態は質問紙式心理テストの POMS および STAI により評価した. ホーストレッキング運動のコントロールとして, 市販のライディングシミュレーターで 30 分間の運動を行う条件下でも同被験者を対象に同様の測定を行った. その結果, 副交感神経活動の指標はホーストレッキングの 120 分後 (安静時ベースラインの 194%) でホーストレッキングの 60 分前 (113%) よりも有意に高く ($P<0.05$), その上昇は 1.7 倍を超えた. 一方, ライディングシミュレーター運動でも, 運動の 60 分後 (146%) に運動 60 分前 (117%) より副交感神経活動は有意に上昇したが ($P<0.05$), その上昇の程度はおおむね 1.2 倍とホーストレッキングの場合より低く, 120 分後にはホーストレッキングでライディングシミュレーターの場合よりも有意に高かった ($P<0.01$, 図 4.33).

自律神経系は自分の意志では調節できない神経系で, おもに内蔵の機能を調整しており, 大きく交感神経系と副交感神経系に分類される. 副交感神経系は休息と食事のシステムとも呼ばれ, 身体が安静な状態になるときに活動する. すなわち, わずか 30 分間の 1 回のホーストレッキングによって副交感神経活動が上昇したという結果は, 全身がゆったりと落ち着いた現象を示している. スピードや業績重視の現在の世の中で日常的にストレスにさらされている現代人の自律神経系バランスは, 一般に交感神経系優位にシフトしているといわれている. ホーストレッキング運動によって自律神経系バランスを少しずつでも

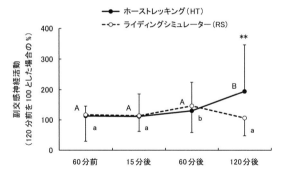

図4.33 ホーストレッキング前後における騎乗者の副交感神経活動
(Matsuura et al., 2011の図3, 一部改変)
運動×時間：$P<0.01$, 運動：** : $P<0.01$, 時間（HT）：$^{AB}P<0.05$,
時間（RS）：$^{ab}P<0.05$.

副交感神経側に戻すことができるならば，重大な疾病の予防・緩和にもつながる可能性がある．さらに，緊張-不安などの気分はホーストレッキングとライディングシミュレーターの両運動後に運動前より有意に軽減されるものの（$P<0.05$），活気はホーストレッキング後にのみ有意に上昇することが心理テストの結果より明らかとなった（$P<0.05$）．

自律神経活動を変化させる運動として知られているそれ以外の運動に，太極拳とWei Tan Kung（太極拳と同じく伝統的な東洋の武道だが，12の姿勢からなり，四肢・体幹の筋肉を様々なテンポで振動させながら一連の調和した動作で姿勢を変えていく点が特徴的）がある（Lu and Kuo, 2006）．これらの伝統的武術と乗馬運動との共通点として，精神の集中と身体の重心移動を要求され，下半身に力を入れると同時に上半身の力を抜く点があげられる．それでもホーストレッキング運動ほど副交感神経活動を増大させることはなく，30分ないし60分間のこれら伝統的武術運動で1.2～1.5倍の増大にとどまっている．

次項にホーストレッキングにおけるウマのストレス応答についての研究成果を示す．ホーストレッキングにおける騎乗者の安全性向上のためには，ウマが受けるストレスの把握は必須である．

4.3.5 ホーストレッキングにおけるウマのストレス応答

一般に，ホーストレッキングでは，騎乗者は先導馬に乗ったガイドの後について縦1列になってウマを歩かせたり（常歩），走らせたりする（速歩あるい

は駆歩).そのコースや騎乗時間,あるいは使用するウマの体格や品種は実に様々であり,騎乗者に合わせてデザインされる.馬場内での一般的な乗馬運動と異なり,ウマは日常管理されている施設の外で運動することとなるので,障害物との遭遇,自動車などの接近,あるいは舗装道路上での歩行などのストレッサーにより,ホーストレッキングにおけるウマのストレスは大きいと予想できる.とくに,先頭でストレッサーに直面する先導馬は追従馬に比べてストレス応答が大きいと仮説を立て,先導馬と追従馬のストレス応答の違いを自律神経活動の測定より評価した(Matsuura et al., 2010).

供試動物は,4歳から11歳の北海道和種成雌馬6頭とし,全長8.5 km,高低差100 m のトレッキングコースを常歩と速歩の歩法で運動させた.馬場内運動15分間およびトレッキング運動45分間からなるすべての運動を2頭のみで行い,先頭のウマを先導馬,2番手のウマを追従馬とし,各個体を先導時と追従時の両ポジションで測定した.すなわち,先導時6頭分と追従時6頭分の測定値を比較した.騎乗者が下馬した後,ウマを蹄洗場につなぎ,ウマの手入れを30分間行い,さらに60分間馬をつないだまま安静状態を保った.自律神経活動はホーストレッキング終了の30分後,60分後,および90分後における5分間の心電図記録から解析した(図4.34).

先導馬でも追従馬でも,トレッキング運動によって心拍数は徐々に上昇したが運動後はすみやかに低下し,安定した.先導馬と追従馬に差がなかったことから,心拍数から判断する限り,両ポジションでの運動強度に差がないと考えられた(図4.35).しかし,両者の差は運動後に現れるという興味深い結果が

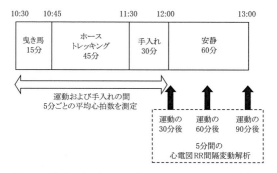

図4.34 測定スケジュール(Matsuura et al., 2010 の図 1,一部改変)

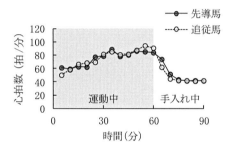

図 4.35　心拍数の変化（Matsuura et al., 2010 の図 2, 一部改変）

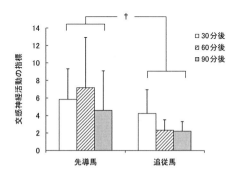

図 4.36　先導馬と追従馬における交感神経活動
(†: $P<0.1$)（Matsuura et al., 2010 の図 3, 一部改変）

得られた．すなわち，運動後の安静状態の時間帯全体を通して，交感神経活動の指標が先導馬で追従馬よりも高い傾向にあった（$P<0.1$，図 4.36）．この結果より，先導馬にはホーストレッキング後に十分な休養を与えたり，放牧管理などによる心理的ストレスからの回復期間を設けたりといった，特別な配慮が必要であると考えられた．今後，ホーストレッキング運動と馬場内運動におけるウマのストレス応答を比較するとともに，トレッキングコースの違いや騎乗者の騎乗技術の違いなどによる影響についても検討する必要がある．

4.3.6　おわりに

ヒトはその歴史の中で，動物から食料，衣料，あるいは労働力などを得る技術を得てきた．世界的な人口増加のなか，動物からとくに食料を効率よく得るための研究蓄積が今後も重要であり続けることに疑う余地はない．その一方で，

健康な生活はわれわれにとってもっとも大切なもののひとつであるから，これに生きた動物を活用するための研究も，今後ますます重要となる．

ウマはヒトを乗せることができる大きさを有し，家畜としての歴史が長いうえ，ヒトの感情をある程度理解できる点などから，ヒトの健康に大きく貢献する可能性がある．そのためには，ウマの行動を注意深く観察し，ウマを健康に飼育し，上手に取り扱い活用するための技術を身につけなければならず，乗用馬の運動科学研究はそのための強力な手段のひとつとなる．しかし，この分野を扱う研究施設や学術論文の数はきわめて少ない．ウマをヒトの健康に貢献させるための研究領域は，動物行動学をはじめとして医学，生理学，脳科学，心理学，教育学，あるいはバイオメカニクスなどの知識と技術を総動員して研究を発展させていくべき新しい研究分野であると考えられる． 〔松浦晶央〕

参 考 文 献

Barrey, E., Desliens, F., Poirel, D., Biau, S., Lemaire, S., Rivero, J.-L. L., Langlois, B. (2002)：Early evaluation of dressage ability in different breeds. *Equine vet J.*, Suppl., **34**：319-324.
Hadrill, D. (2002)：Horse Healthcare. 1st ed. ITDG Publishing, London, UK.
林 博史（1999）：心拍変動の臨床応用―生理的意義，病態評価，予後予測，医学書院．
Holmström, M., Magnusson, L.-E., Philipsson, J. (1990)：Variation in conformation of Swedish Warmblood horses and conformational characteristics of élite sport horses. *Equine vet. J.*, **22**：186-193.
Lu, W. A., Kuo, C. D. (2006)：Comparison of the effects of Tai Chi Chuan and Wai Tan Kung exercises on autonomic nervous system modulation and on hemodynamics in elder adults. *Am. J. Chinese Med.*, **34**, 959-968.
Matsuura, A., Nagai, N., Funatsu, A., Irimajiri, M., Yamazaki, A., Hodate, K. (2011)：Comparison of the short-term effects of horse trekking and exercising with a riding simulator on autonomic nervous activity. *Anthrozoös*, **24**：65-77.
Matsuura, A., Ohta, E., Ueda, K., Nakatsuji, H., Kondo, S. (2008)：Influence of equine conformation on rider oscillation and evaluation of horses for therapeutic riding. *J. Equine Sci.*, **19**：9-18.
Matsuura, A., Sakuma, S., Irimajiri, M., Hodate, K. (2013)：Maximum permissible load weight of a Taishuh pony at a trot. *J. Anim. Sci.*, **91**：3989-3996.
Matsuura, A., Tanaka, M., Irimajiri, M., Yamazaki, A., Nakanowatari, T., Hodate, K. (2010)：Heart rate variability after horse trekking in leading and following horses. *Anim. Sci. J.*, **81**：618-621.
Powell, D. M., Bennett-Wimbush, K., Peeples, A., Duthie, M. (2008)：Evaluation of indicators of weight-carrying ability of light riding horses. *J. Equine Vet. Sci.*, **28**：28-33.
RDA Japan 人材育成委員会編（2005）：RDA 活動のためのガイドブック．

4.4 放牧馬の行動

4.4.1 ウマの1日

　ウマを放牧地に放すと，一般的にその採食時間は12時間から20時間，平均で16時間程度といわれている（4.1節参照）．

　放牧地において，採食や移動を行っていない時間をおもに休息時間とすると，ウマは立ったまま休息（立位休息）することが多い．子馬の場合には比較的長時間，横臥位や伏臥位など地面に横たわって休息するが，成馬ではきわめて短く，1日を通して一度も横臥，伏臥しない場合もある．すなわち，放牧地においてウマは1日をほとんど立ったまま過ごし，その大部分を食べることに費やしている（図4.37）．

4.4.2 食草時間と休息時間

　ウマの採食行動に影響する要因は外的要因と内的要因に分けられ，外的要因として天候，季節，管理方法，飼料の嗜好性や量および消化率，糞の存在，社会的要因，牧区面積など，内的要因として年齢，性，個体ごとの経験や選択能力，養分要求量，バイトサイズ（草を噛みちぎる喫食ひと口あたりの量）や咀嚼回数，空腹の程度や物理的充満などがあげられる（Carson and Wood-Gush, 1983）．したがって，放牧飼養されているウマの食草時間は，その様々な放牧条件によって大きく影響を受ける．

図4.37　牧草放牧地に終日放牧されている北海道和種馬群

4.4 放牧馬の行動

ウマの食草行動については，広大な自然草地であるフリーレインジ（free-range）に放牧されている英国のニューフォレスト種，仏国のカマルグ種といったポニーや，米国のムスタング，さらにはモンゴル等の自然保護区で再野生化を目的として飼養されているモウコノウマ（プルツェワルスキー）など，半野生馬，再野生馬，あるいは野生化馬とよばれるフェラルホース（feral horse）で比較的多くの調査が行われ，食草時間はおおむね13時間から17時間の範囲に入る．日本において人為的制御が比較的少ない環境下で暮らしているウマの代表として，宮崎県都井岬のシバ型草地で周年放牧されている御崎馬があげられ，故加世田雄二朗博士を中心とする研究グループによる家畜行動学分野の研究成果は多く存在する．周年放牧されている御崎馬の食草時間は，1日のうち70%から80%，すなわち17時間から19時間以上であり，草量が少なくなる冬季には食草時間を短縮して休息時間を長くすることで，草資源の乏しい冬の環境に対して行動的に適応しているのではないかと結論づけている（Kaseda, 1983）．

御崎馬と同じ日本在来馬のひとつである北海道和種馬についても，とくに北海道の代表的な自然草地であるササ型草地において，採食や休息などの個体維持行動に関する一連の行動調査が行われている．周年屋外飼育されている北海道和種馬を各月1回24時間行動観察した研究結果では，牧草放牧地に放牧していた5月から9月の食草時間が17時間弱ともっとも長く，積雪期の牧草放牧地（1月）および屋外ロットでの乾草給与時（2～4月）で15時間程度ともっとも短く，林間放牧地で林床植物のミヤコザサを食べていた期間（10～12月）は16時間程度とほぼ1年間の平均値に等しかった（Kondo et al., 1994）．また，林間放牧地におけるミヤコザサ採食時間を季節間で比較した調査結果（表4.3；河合，2000）では，成雌馬と育成雌馬で若干の違いがあるものの，夏季（8月）

表4.3 ミヤコザサ優占林間放牧地における北海道和種馬の採食および休息時間（河合，2000）

	成雌馬			育成雌馬		
	採食	休息	その他	採食	休息	その他
夏 季	799	458	183	1007	341	92
非積雪冬季	763	601	76	718	624	98
積雪期	605	679	156	573	668	199

図 4.38 雪の下に埋もれたササを前肢で掘り起こして採食する北海道和種馬

の 13～17 時間に比べて積雪前の冬季（12 月）では 12～13 時間程度に短くなる傾向にあり，その分休息時間が長くなる．40～50 cm の積雪によってミヤコザサが雪の下に埋もれてしまった 1 月には，採食時間が 10 時間前後とさらに短くなり，休息時間が 11 時間以上と採食時間を上回った（図 4.38）．

こうした採食時間の短縮と休息時間の延長は，前述した草資源量が乏しい環境下と同様，エネルギー要求量が増加する寒冷環境下での行動的な適応とも考えられ，北海道和種馬は 40 cm 程度の積雪量であれば林間放牧地内に生えるミヤコザサのみで 250～350 kg の体重を維持することができる．しかし，積雪量がさらに 80 cm まで増えると，林間放牧地でのササ採食時間は 6～7 時間程度に短くなり，採食量も大幅に減少して体重を維持することができなくなる（Kawai et al., 2005）．したがって，冬季の積雪は林間放牧地における放牧馬の採食行動に影響し，さらには採食量に対する大きな制限要因となる可能性が考えられる．

一方，日本ではおもに走能力の向上を目的として飼養されている軽種馬が自然草地に放牧されることはほとんどなく，一般的に厩舎内で乾草や濃厚飼料を併給されながら牧草地で放牧飼養されている．厩舎内で 7～10 kg の乾草と 7 kg 程度の濃厚飼料を朝・夕・夜に分けて給与され，8 時から 15 時までの 7 時間昼間放牧されたサラブレッド種繁殖雌馬の行動を 24 時間観察すると，1 日の総採食時間は 10～11 時間，そのうち放牧地では 5～6 時間で，放牧されている時間の 8 割程度を食草に費やす（河合ら，未発表）．

放牧時間の延長による運動量の増加や基礎体力の養成を期待し，夏季には暑

表 4.4 昼夜放牧したサラブレッドの放牧地における食草および休息時間

	当歳馬		1歳雄馬		1歳雌馬		繁殖雌馬	
	分/日	%	分/日	%	分/日	%	分/日	%
放牧時間	911	100	1108	100	996	100	993	100
食草時間	513	56	673	61	601	60	681	69
休息時間	311	34	299	27	278	28	225	23
立位	132	14	260	23	161	16	195	20
伏・横臥位	179	20	39	4	117	12	30	3
その他	87	10	136	12	117	12	87	8

熱や有害昆虫からのストレスを軽減する目的で，日中から翌朝にかけて行う昼夜放牧が，近年，日本の軽種馬生産農家においても普及しつつある．4年間にわたり，北海道浦河町の生産農家で昼夜放牧されているサラブレッド種当歳馬（7群，のべ41頭），1歳雄馬（8群，のべ69頭），1歳雌馬（4群，のべ26頭），繁殖雌馬（5群，のべ23頭）の行動を観察した結果を表4.4に示した（河合ら，未発表）．繁殖雌馬の食草時間は680分，11時間程度で，放牧時間の約7割を食草に費やす．当歳馬について，ここでは離乳前とすでに離乳した子馬の両者を合わせた値で示されているが，その食草時間は500分程度，8時間以上であり，繁殖雌馬の約75%であった．また休息時間のうち半分以上，約3時間伏臥位もしくは横臥位で放牧地に横たわって休むことも当歳馬の特徴である．1歳になると食草時間は当歳時より長くなり，一般的に体格が大きい雄馬では繁殖雌馬と同程度，1歳雌馬でも繁殖雌馬の9割程度の食草時間となる．放牧時間に対する休息時間の割合は年齢とともに小さくなり，伏臥位や横臥位よりも立位で休むようになって，繁殖雌馬が放牧地で横になる時間は30分程度である．伏臥位もしくは横臥位での休息時間が，同じ1歳馬でも雄馬と雌馬で大きく異なることは非常に興味深いが，これが雌雄による差であるのか，あるいは放牧地の様々な環境の違いによるものであるのかは現時点で不明であり，放牧地におけるこうした維持行動の性差については，今後もさらなる研究が必要である．

4.4.3 移動距離と速度

放牧地においてほとんど立ったまま，長時間を食草に費やすウマは，1日にどれくらい移動するのだろうか．軽種馬を日中のみ7時間程度牧草地に放

表4.5 昼夜放牧したサラブレッドの放牧地における移動距離

	当歳馬		1歳雄馬		1歳雌馬		繁殖雌馬	
	km/日	%	km/日	%	km/日	%	km/日	%
総移動距離	10.5	100	16.0	100	15.7	100	11.5	100
食草時	7.3	70	9.6	60	9.5	61	7.6	66
非食草時	3.2	30	6.4	40	6.2	39	3.9	34

牧した場合,その移動距離は4〜5km,昼から翌朝にかけて17時間程度の昼夜放牧では13〜15km程度と約3倍になるとされている(軽種馬飼養標準,2004).4.4.2項に記載した食草時間と同時にGPSを用いて測定した昼夜放牧時のサラブレッド種の移動距離を表4.5に示した(河合ら,未発表).当歳馬の総移動距離は1日に10.5km,そのうち7.3kmは食草しながらの移動であり,これらの距離は繁殖雌馬とほぼ同様であった.1歳馬では雌雄による差はみられず,総移動距離は16km程度と繁殖雌馬や当歳馬の約1.5倍,食草しながらの移動も長いが,食草せずに移動する距離の割合が4割程度と大きい.

この間の移動速度を算出してみると,休息時間帯も含めた1日全体で,当歳馬と繁殖雌馬が1時間に移動する距離は700m前後で同程度,1歳雄および雌馬ではこれより早く850m前後であり,休息時間帯を除き,食草を含めて移動している時間帯の平均移動速度は,繁殖雌馬でもっとも遅く900m/時程度,当歳馬で約1.0km/時,1歳馬では雌雄に差はなく約1.2km/時でもっとも速かった.ウマの歩様をGPSに記録された速度で分類し,秒速1〜2mの移動を常歩,2〜5mを速歩,5m以上を駈歩として解析すると,繁殖雌馬では駈歩はほとんどみられなかったが,7秒間で20mほど移動する速歩が1日に100回程度記録された.1歳雄および雌馬では,10秒間に約60m移動する駈歩が1日に10回程度,また4〜9秒間で15〜30m移動する速歩が120〜130回記録され,当歳馬においても約10秒間の駈歩が4回,速歩が40回程度記録された(図4.39).したがって,当歳馬および1歳馬は比較的速度の速い移動を頻繁に行っており,放牧地は走能力を向上させるための自発的な運動の場として非常に重要と考えられる.

一方,年間を通じて屋外飼育されている北海道和種馬の平均移動距離は1日に約2km,最長でも6km程度であり(Kondo et al., 1994),林床植物がササ型である林間放牧地においては4km程度,そのうち食草しながらの移動は

図4.39 放牧地を走るサラブレッド種当歳馬

2km前後である（河合ら, 1997）．また，北海道和種馬と軽種馬をササ型林間放牧地に一緒に放牧した場合，1日の総移動距離は北海道和種馬の方が軽種馬より長い傾向にあったと報告されている（Shingu et al., 2000）．放牧地におけるウマの移動距離は，食草量や食草行動と同様，植生や草量，面積や形など様々な放牧地環境によって変化すると考えられるが，ウマの品種によっても異なるのかもしれない．

4.4.4 利用場所

フリーレインジにおけるフェラルホースの利用場所は，植生や地形，水場との関係が強く，また季節によって影響する要因が異なるとされている．すなわち，夏季には飼料となる草種が豊富な場所および水場周辺，冬季には庇蔭地として利用できる地形が存在する場所を頻繁に利用する．なかでも飼料の現存量および質，それらの季節変化が，フェラルホースの行動範囲やそのなかでの移動にもっとも影響を及ぼす要因であると考えられている（McCort, 1984）．日本においても，都井岬のシバ型草地で周年放牧飼養されている御崎馬の行動範囲は夏季よりも冬季で広がることや（Kaseda, 1983），北海道のササ型林間放牧地での採食および休息利用場所は放牧地面積や地形に影響され，1日の行動範囲は4～8haと大きく異なること（河合, 2000），また，こうした利用場所や行動範囲は同じ林間放牧地内に放牧した北海道和種馬と軽種馬でも異なること（Shingu et al., 2000）などが報告されている．

様々な地形を含む自然草地においては，傾斜度も食草場所や休息場所に影響を及ぼす要因であると考えられる．河合（2000）の観察結果では，林間放牧地に終日放牧された北海道和種馬によるミヤコザサ採食利用頻度は，平均斜度が

図 4.40　急斜面で食草する御崎馬（宮崎県都井岬）

大きくなるほど低下する傾向にあり，35度以上の区画は利用頻度がきわめて低かった．一方，加世田（1980）は御崎馬によって傾斜地に形成された馬道が，最大51度の斜面においても認められたと報告しており（図 4.40），これには草資源量の不足が関係していると指摘している．放牧馬による急斜面の利用によって植生が衰退すれば，土壌の流亡を引き起こしやすくなり，放牧地の永続的利用を考えた場合，利用場所や利用頻度と地形との関係は非常に重要である．

　このように，一般的に面積が広大な自然草地では，その面積が大きければ大きいほど，また地形が複雑であるほど馬の利用場所が不均一になると考えられるが，軽種馬用の牧草放牧地においても牧区面積や形状，放牧頭数などによって影響を受けることが報告されている（軽種馬飼養標準，2004）．また，ウマは一般的に短い草を好むとされているが，サラブレッド種繁殖雌馬を昼間もしくは昼夜放牧した際の行動観察結果（河合ら，未発表）では，食草利用頻度と牧草の自然草高との間に一定の関係は認められず，さらには草高の変化にともなうタンパク質や繊維，糖含量の違いにも影響されず，平均草高が 5 cm から 35 cm までの場所を規則性なく食べていた．

　軽種馬にとっての放牧地は，食草による栄養摂取の場，自発的運動による走能力向上の場，さらには他個体との親和行動や敵対行動といった社会行動による社会性の発達，構築の場として非常に重要である．また，他の草食動物との違いのみでなく，同じウマであっても品種の違いによって採食戦略が異なる可能性もあることから（9.2節参照），軽種馬飼養にとって適正な放牧地は他品種馬にとってのそれとは異なると考えられる．これまで述べてきたような放牧地における行動観察結果を蓄積し，要因解析などを重ねることにより，競走馬

のスピードをさらに向上させるような，より適正な牧草地作りが可能となるかもしれない．

4.4.5 採食植物種

ウマはウシやヒツジ，ヤギなどの反芻家畜に比べ，採食植物種の範囲が狭いとされているが，北米大陸や英国のフリーレインジ放牧地において，とくに草資源が不足した場合にウマは灌木を採食することが報告されている．草食動

図4.41 夏季林間放牧地で樹葉を採食する北海道和種馬

表4.6 非ササ型林間放牧地における北海道和種馬の主要採食植物種と採食時間割合（%）（河合，2001）

	放牧開始後	6月			8月		
		2日目	6日目	10日目	2日目	6日目	10日目
草本類	オオウバユリ	21.7	—	—	—	—	—
	オオイトスゲ	16.1	20.8	18.3	19.9	21.9	10.4
	タツノヒゲ	11.8	12.9	0.3	28.6	8.8	3.2
	ヨブスマソウ	9.0	1.5	—	1.0	2.2	1.2
	チゴユリ	4.0	14.4	14.3	0.1	6.9	2.6
	エナシヒゴクサ	2.2	5.6	—	8.7	5.7	0.3
	タガネソウ	1.7	2.5	9.4	3.2	—	0.8
	ウマノミツバ	0.3	1.1	0.2	5.0	0.5	—
	合計	66.8	58.8	42.5	66.5	46.0	18.5
木本類*	ヤマモミジ	12.5	10.2	10.0	11.3	21.1	12.0
	ツタウルシ	5.8	2.1	1.0	0.7	1.0	—
	サワシバ	4.2	11.8	15.9	8.5	23.3	13.6
	アオダモ	—	0.5	5.0	—	—	10.3
	合計	22.5	24.6	31.9	20.5	45.4	35.9

*：葉部の採食が観察された木本類のみ

物のなかでも，ウマは草本類を専門に採食する典型的なグレイザー（grazer）であるといわれているが，林間放牧地では樹葉の採食が頻繁にみられる（図4.41）．林床植物が非ササ型で，草本類69種，木本類46種が存在する落葉広葉樹林内に北海道和種馬を終日放牧して行動観察すると，草本類29種，木本類23種が採食植物種として確認され，それぞれ現存種数の42%および50%を占めた（稲葉ら，1998）．また，こうした採食植物種は季節等によっても変化し，放牧後日数が経過して比較的嗜好性の高かった草種やその量が減少すると，それまであまり選択しなかった種を食べるようになり，草本類の採食割合が減って木本類の採食割合が増える傾向にあるが，樹葉の採食は放牧開始時から観察される（表4.6；河合，2001）．したがって，林間放牧地においては，ウマはおもに樹葉を採食するリーフイーター（leaf eater）あるいは樹葉と若芽や小枝を採食するブラウザー（browser）と，グレイザーの中間的な食草行動型の動物であるかもしれない．

　林間放牧地では，ウマが樹皮を前歯で剥ぎ取る樹皮剥ぎ，あるいは剥ぎ取った樹皮を食べてしまう樹皮食いも観察される（図4.42）．こうした行動は林床植物であるササ類の質が比較的高く，現存量も十分にある夏季においてもみられるが，冬季になると積雪前でも増加する傾向にあり，積雪により林床のササ類が雪に隠れてしまうと1日50回にまで激増し，累積すると実に3時間以上

図4.42　冬季林間放牧地において樹皮を剥ぎ取る北海道和種馬

表4.7　林間放牧地における北海道和種馬の樹皮剥ぎ行動（河合，2000）

	頻度	累積時間
	回/日	分/日
夏　季	11.8	8
非積雪冬季	15.0	32
積雪期	50.6	198

木の皮をかじっている（表4.7；河合，2000）．

このように，ウマは樹葉を食べ，樹皮を剥ぎ取る家畜であり，林間放牧地を含む自然草地では，放牧による草本類への影響のみではなく，植生や季節の違い，積雪の有無等によって樹木への影響も比較的大きくなる可能性がある．植生が変化すると，そこに生息する昆虫，それを食べる鳥類や小動物，さらにそれらを捕食する動物にも影響を与え，また土壌や水系等に対する影響も危惧される．自然草地におけるウマの行動に関する研究成果が今後さらに蓄積されていけば，野生動物とも共存しながら自然生態系を維持しつつ永続的に行える放牧管理が可能となるかもしれない．　　　　　　　　　　　　　　〔河合正人〕

参 考 文 献

Carson, K., Wood-Gush, D. G. (1983)：Equine behabiour：2. A review of the literature on feeding, eliminative and resting behaviour. *Appl. Anim. Behav. Sci.*, **10**：179-190.

稲葉弘之・河合正人・上村　滋・秦　寛・近藤誠司・大久保正彦（1998）：北海道和種馬の夏季林間放牧における採食植物種．北大演習林研報，**55**：18-30.

加世田雄時朗（1980）：都井岬の御崎牧場の傾斜草地に形成された馬道の特性．日畜会報，**51**：642-648.

Kaseda, Y. (1983)：Seasonal changes in time spent grazing and resting of Misaki horses. *Jpn. J. Zootech. Sci.*, **54**：464-469.

河合正人・近藤誠司・秦　寛・大久保正彦（1997）：冬季林間放牧地における北海道和種成雌馬のミヤコザサ（*Sasa nipponica*）採食量および採食時間．北畜会報，**39**：21-24.

河合正人（2000）：ミヤコザサを利用した北海道和種馬の林間放牧に関する研究．日本家畜管理学会誌，**36**：97-107.

河合正人（2001）：林間放牧地における北海道和種馬の採食量および消化率．日本草地学会誌，**47**：204-211.

Kawai, M., Ono, H., Yamamoto, Y., Matsuoka, S. (2005)：Effect of snow depth on intake and grazing behavior of Hokkaido native horses in winter woodland. *Proc. 39th International Congress of ISAE*, 163.

Kondo, S., Yasue, T., Ogawa, K., Okubo, M., Asahida, Y. (1994)：Native horse production in woodland pasyire and grassland of Hokkaido, northernmost Japan. In：Proceedings of the International Symposium on Grassland Resources (Li Bo ed.), pp. 1145-1149, China Agriculture Scientech Press, Beijing.

McCort, W. D. (1984)：Behavior of feral horses and ponies. *J. Anim. Sci.*, **58**：493-499.

日本中央競馬会競走馬総合研究所編（2004）：軽種馬飼養標準，2004年版，アニマル・メディア社．

Shingu, Y., Kawai, M., Inaba, H., Kondo, S., Hata, H., Okubo, M. (2000)：Voluntary intake and behavior of Hokkaido native horses and light half-bred horses in woodland pasture. *J. Equine Sci.*, **11**：69-73.

4.5 ウマの群行動とその特徴

4.5.1 野生馬の群社会

　野生馬と称される馬群は世界中にいる．フランスのカマルグ馬や米国のムスタング，カナダのセーブル島の野生馬群が有名で，日本にも宮崎県都井岬に棲息する御崎馬が天然記念物に指定され，一般には野生馬群として知られている．しかし，これら「野生馬群」は本来野生馬ではなく，人に飼われていた馬群が人の手を離れ世代を経て野生化した半野生馬（feral horse）とも呼ぶべき馬群である．日本の北海道和種馬も江戸期を通じて本州の漁民等の和人が持ち込んだ南部馬を中心とするウマたちが粗放な管理のなかで半ば野生化していた．これらは土産と呼ばれ，現在のドサンコの名称のもととなった．明治期に入り，土産馬は開拓使がエドウィン・ダンの指導のもとにかり集めて再度南部馬と掛け合わせて良質な馬群を作ろうとした経緯があったが（南土合馬<ruby>なんどおうま</ruby>），結果的に西洋馬主体で育種改良が行われることとなり計画は中座した．当時の写真をみると（図 4.43），これらは現在の半野生馬に近かったものだろう．現在も北海道和種馬を周年屋外飼育している北海道大学北方生物圏フィールド科学センター研究牧場の馬群は，種牡馬こそ一時期群れに加わるだけであるが，その他の面では往時の馬群の様相を反映しているものと思われる（図 4.44）．

　なお，純粋な野生馬はモンゴルに棲息していたプルゼワルスキー馬（Prjewalskii horse：モウコノウマ）がそれで，私どもが家畜化したイエウマ

図 4.43　明治初年に北海道道南の横尾岳付近で撮影された北海道和種馬群（北海道大学図書館所蔵）

図 4.44 北海道大学北方生物圏フィールド科学センターで周年屋外飼育されている北海道和種馬群

(*Equus caballus*) とは種が異なり，染色体数も異なる（イエウマ：$2n=64$，モウコノウマ：$2n=66$）．現在，このウマは絶滅が危惧されるほど個体数が少なく，世界各地の動物園で飼育されていたモウコノウマをモンゴルで野生に返すプロジェクトが進んでおり，順調に進展していると聞く．

こうした野生馬についてはそれぞれ各国の研究者が詳細に報告しているが，これらはシマウマ群および野生ロバ群も含めて，木村（2007）に詳しい．ここでは，こうした研究をもとに馬群の本来の群構造や行動を概説する．なお以下，半野生馬はわかりやすいように野生馬と記す．

野生状態で棲息している馬群は同然雄と雌が群内に存在する．飼育環境下では複数の雌雄を同時に放牧することはまずない．合理的な育種改良が行えないからである．

野生馬の群れでは成熟した雄は成熟した雌馬1〜十数頭を囲い込み，ハレムを形成する．したがって，野生馬の群れは雄馬1頭を中心に成雌馬もしくは繁殖馬群で形成されるいくつかのハレムと，ハレムを形成できない雄馬らによって成り立っている．ハレムどうしが接近した場合，雄は他のハレムに自分のハレムの雌を連れていかれないよう雌を囲い込むようにハレムの周りをぐるぐる回るハドリングという行動をとり雌を守る．またハレム雄どうしが戦いあうこともある（図4.45）．さらにハレム雄はハレムを作れない雄や若雄に対しても敵対的で自分のハレムに接近するこうした雄を追い払う．

ところが興味深いことに，ハレム内で妊娠し分娩した子馬はすべて当該ハレ

図 4.45　ウマどうしの闘争行動

ム雄の子だとは限らないことが都井岬の御崎馬の研究で明らかになっている(Kaseda et al., 1995)．どう防御しても他の雄の遺伝子のハレムへの侵入は防げないらしい．このことはある環境で優勢な資質をもった雄のみが子孫を残すのではなく，将来に備えて遺伝的な多様性を確保する行動学的な適応戦略であるとも解されるだろう．

　出生した子馬は哺乳期間を通じてハレム内にいるが，雄馬は離乳後ハレムから追い出され若馬として自分のハレムを形成するまで，若馬どうしで群れになったり，個体で行動する．ハレムで生まれた雌馬はハレムで成長するが，そのまま自分の父馬であるハレム雄と父娘交配することはほとんどない(加世田・野澤，1996)．この研究ではただ1例の父娘交配が報告されている．ハレムで妊娠した雌がそのハレムを離れて別のハレムに移りそこで雌子馬を分娩し，その娘馬が成熟した後，実の父馬のハレムに入り妊娠した例であった．

4.5.2　繁殖行動

　周年屋外飼育している北海道和種馬群には基本的に繁殖雌馬とその子馬で形成され，毎年5～7月まで種雄馬を入れて自然交配させる．なお，毎年冬が始まる前にその年に生まれた子馬は強制的に離乳し別群で飼育する．その後雌子馬で繁殖に供用する個体は母馬群に戻すが，雄は別群飼養して売り払うことが多い．こうした繁殖雌馬群に種雄馬を入れたときの行動から，馬群の自然交配時の行動を概説する．

　種雄馬を群に入れた直後は繁殖雌馬はこれを警戒し，時としては尻を外に向

図4.46 試情馬（当て馬）の様子　　図4.47 試情された雌馬が尾を挙げて外陰部を開閉（ウインキング）させて十分発情している

けたサークルを作り子馬を中に入れ，雄を群れに入れない．しばらくして雌馬群が雄の存在になれると，一緒に行動するようになるが発情していない限り雄の接近は許さない．

　サラブレッド種などの生産牧場では雌を飼養して発情を確認してから自前の種雄馬もしくはスタリオンセンターなどの種雄馬と交配させる．その際，十分発情しているか否かの最終確認は試情馬（当て馬）を用いることが多い．試情される雌馬は頑丈な枠場の中に誘導され，枠場の外から試情馬を接近させる（図4.46）．試情馬は雌の匂いを嗅いだり顎を乗せたりするが，雌の発情が十分でない場合，雌は激しく試情馬を拒否する．このとき，雌はひどく暴れるので試情作業は危険をともなう．発情が十分であれば，雌は雄を受容し，尾を挙げて外陰部を開閉（ウインキング）させる（図4.47）．また放尿することも多い．

　このように，発情していない雌馬は基本的に雄の接近を許さないので，屋外飼育されている繁殖雌馬群に入れられた雄は発情した雌を何らかの方法で探索しなければならない．この行動は発情した雌が排泄した尿や糞（図4.48）を嗅ぐことにより発情臭を発見してなされる（図4.49）．発情臭を発見した雄馬はすぐさま自分の尿を雌馬の排尿跡に降りかかるように排泄する（図4.50）．これは他の雄馬に発情し他雌を発見されないように臭いをごまかすためになされると解されている．

　発情を発見した雄馬は主として臭いで発情雌を確認し，接近して体を擦り付けたりたてがみや頸筋を軽く咬む（図4.51）．こうした行動がさらに雌の発情

図4.48 発情した雌馬の排尿

図4.49 排出された雌馬の尿を嗅ぐ雄馬

図4.50 排出された雌馬の尿から発情臭を感知し，その上に自ら排尿する雄馬

図4.51 発情しているらしい雌馬に接近し，たてがみや頸筋を軽く咬む雄馬

図4.52 さらに発情を確認するため雌馬の腰に顎を乗せる雄馬

図4.53 発情を確認して雌に乗りかかる雄馬

を誘起するものと思われる．雌が十分に発情していれば図4.52のように，雌の後方に回り腰部に顎を乗せたりする．ここで雌が逃げたり攻撃したりしなければ雄は雌に乗りかかり交尾する（図4.53）．

　こうした一連の行動を観察すると，繁殖は雌の生理的な発情にのみ支配されているわけではなく，雄と雌のキャッチボールのような行動がそれぞれの交配意欲を亢進させ，繁殖を成功に導くカギとなっていることがわかる．実際，繁

殖雌馬群に種牡馬を入れて自然交配（蒔き馬）させると，その妊娠率は100%近い．交配そのものに限らず，雌畜の近辺に雄をおき，臭いや存在が雌に感知させるようにすると繁殖にはよい影響があるといわれており，メール・エフェクト（近藤，2005）といわれている．

4.5.3 母子行動と群の形成

分娩が迫った母馬は群れからやや離れて娩出する．娩出時に母馬はたいてい伏臥するが（図4.54），分娩直後に立ち上がることが多い（図4.55）．そのときに臍帯が自然に切れる．娩出された子馬はおおむね15分以内に立ち上がり母馬について歩くようになる（図4.56）．

草食動物の子育て行動はウシやヤギ，シカなどのようなハイダータイプと，ウマやヒツジのようなフォロワータイプに分かれる．前者は分娩直後は子を草むらなどに置いて，そこから離れて群れに戻ったり食草したりする．家畜ウシ

図4.54　北海道和種馬の屋外での娩出

図4.55　北海道和種馬の屋外での娩出，すでに後産も娩出

図4.56　子馬は娩出後おおむね15分以内に立ち上がる

などでも草丈が15 cm あれば子牛を発見するのは難しい．こうしたことから，これらを（子を）隠すタイプ，ハイダータイプと呼ぶが，研究者によっては隠しているわけではなく「置き去りにしている」としてライイングアウトタイプと呼ぶこともある．母親は数時間おきに子のそばに戻り，授乳や体を舐めるなど世話行動をする．こうしたハイダータイプの草食動物の子は，生後数日で群れについて歩き回り始めるが母親について歩くことはなく，子どうしで群を作り親の群とつかず離れず行動する．こうしたハイダータイプの草食動物の子だけの群をクレッシェ（保育園，フランス語）と呼ぶことがある．母親群の行動が食草したり休息したりするときはクレッシェは群れにそって同じような行動をとるが，母－子が入り交じって行動することは少ない．食草から休息へ，もしくは休息から食草へと移行する時間帯に母子は入り交じり，授乳・吸入や世話行動が行われる．草資源が豊富でない広大な放牧地で飼育されている母子牛群などでは，母牛群はクレッシェを残して食草のためはるか遠くまで移動する．このとき，クレッシェには成牛が1〜2頭残る行動が観察され，クレッシェを守っているように見える．このことからクレッシェに残る成牛をナース・カウ（乳母牛）と呼ぶ．

　一方，フォロワーは分娩直後から子を連れて歩く．このことからこうした子育て行動をとる草食動物をフォロワータイプ（追従型）と呼ぶ．ウマは典型的なフォロワータイプで母子関係は離乳時まで続く．

　ハイダータイプの子育ては，捕食者がいる環境下では一旦子が発見されるとすぐさま捕食されてしまうだろう．ただし，発見されない場合，母は子の行動に制約されることなく十分に食草し休息できる．これは乳量となって子に反映される．一方，フォロワータイプの子育てでは常時母は子を外敵から守ることはできるが，母の行動は子の行動によって制限され，外敵が接近したときなど十分に食草・休息はできない．どちらの子育て戦略も一長一短がある．ウシなどがなぜハイダータイプの子育てを選び，ウマがフォロワータイプの子育てを選んだか不明である．もしかしたら，消化管構造の違いが移動行動を規定し，さらにそれが子育て行動を規定したのかもしれない．

　子育て行動のうち，授乳・吸乳もウシとウマでは大きく異なる．ウシの授乳・吸乳間隔は1時間以上空くことがあり，また1回の吸乳も10分ほど続くことがあるほど長い．一方，ウマの吸乳は1時間に1回以上あり，吸乳時間は1分

4.5 ウマの群行動とその特徴

図 4.57 ウマの哺乳行動

図 4.58 分娩後 1〜2 日の子馬

前後，2分を超えることはない（図4.57）．短時間で少ない量を何度も飲んでいる．乳牛などでは分娩直後から，子牛を親から離し1日2回程度の回数の人工哺乳で個別飼育することは通常の管理である．それによって子牛の行動が変容することもなく，また成長に影響はない．ヒトの飼育管理方法がハイダータイプの子育て行動と合致した結果であろう．離乳後，子牛を子牛どうしで群飼することも本来の行動にそっているだろう．

母乳が出ない母馬や分娩直後に母馬が死亡した場合，ウマでの人工哺乳をすることがある．この場合24時間を通じて1時間以下の間隔で哺乳しなければならず多大な労力を有する．また，群れから離して個別飼育した子馬は成長後，ヒトのいうことを聞かないなど取扱いしづらい個体になることが知られている．

周年屋外飼育している繁殖雌馬群では，母子とも秋季まで放牧される．その間，5〜7月までは群れに種牡馬が導入されるが，母馬が発情しているとき以外に雄は母子には接近できない．

出生直後の子馬は母馬をうまく識別できないように見受けられる（図4.58）．逆に母馬が常時子馬の行動を見ており他の成馬やヒトの接近を警戒し，子馬と接近する対象の間に体を入れて子を保護する．このとき，群飼している繁殖馬では時々子馬の取り違えが起こったりする．ほぼ同時に出生した子馬が何らかの原因で母親を間違え母馬もその子馬を受け入れて，子馬が入れ替わったまま成長を続けることもある．また子をもっていない体の大きな成馬が吸乳しにきた子馬を受容した結果，本来の母馬が追い払われて疑似母馬となることもある．このとき，母乳は分泌されていないため，その子馬は衰弱し発見が遅れると死

図4.59 生後2カ月の子馬

図4.60 生後3カ月の子馬

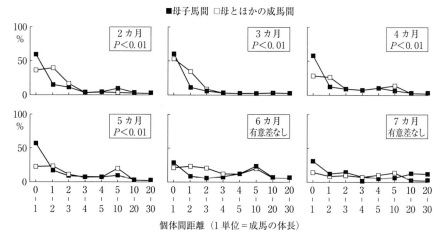

図4.61 生後2〜7カ月の母子馬間および母－母間距離の変化(近藤, 2002)

亡する.

　生後2〜3カ月では子馬はほぼ母親の1馬身以内に位置して行動する(図4.59,図4.60).図4.61はこの周年屋外飼育している北海道和種馬の母子群を子馬生後2カ月から7カ月まで,標識した母馬と雌子馬5組を1月1回朝6時から夕方18時まで行動観察をした結果である(近藤, 2002).観察は当該母子馬の個体間距離を母馬の馬体長を目安に馬身を単位として記録し,またその母馬ともっとも近い他の母馬との距離も同時に測定し,月ごとの頻度分布で示してある.母子間の距離はどの時期も1馬身以内がもっとも高い頻度で観察されたが,この母子間の距離分布と母－母間の距離分布を統計的に比較検討してみると,5カ月齢までは両者の分布に有意な差があったが(すべて$P<0.01$),

6カ月以降は統計的な差は検出できなかった.

このことは，分娩後5カ月齢までは母子間は1馬身以内で位置することが多く，母一母間の距離の分布に対してより近い位置にいたことを示す．6カ月齢以降，両者の分布に差がなくなることは，この繁殖雌馬群内の個体間の分布は母子間，母一母間とも同じで，ある意味で均質な空間構造をもったことを示唆する．

群居性の草食動物の群がどのように形成されていくのかは非常に興味深い問題である．Kondo et al.（1984）はそれまで別々に個別飼育していたホルスタイン種子牛を一群とした結果，およそ2週間で群の社会構造や空間構造，行動パターンが形成されたことを報告し，上述のようにウシなどハイダータイプの草食動物では親の群とは個別に子どうしで群を形成することを示唆している．一方，子馬における研究（近藤, 2002）はウマなどフォロワータイプの群居性草食動物の群れは母子関係が基本で，この母子関係が哺乳期間を通じて徐々に変化して，群内の一般的な個体間関係へと発達していくことを示唆している．

図4.61では6カ月以降，徐々に母子間距離が5馬身以上の頻度が高まっていくことが見て取れる．これは図4.62のように子馬どうしが接触し合い，互いに闘争したり追いかけ合ったりする行動が増えるためで，おそらくこういった行動を通じて群内の社会的順位が形成されていくのであろう．なお，図4.61は雌子馬を対象としているが，雄子馬を対象とした同様の実験の結果，子馬が雄の場合，母子間の分布が母一母間の分布と有意な差がなくなる時期はおよそ1カ月ほど早い．

Sato et al.（2015）は繁殖雌馬群内の空間構造を，それぞれの子馬からもっ

図4.62　生後6カ月の子馬どうしの行動

とも近い子馬とそれぞれの母馬からもっとも近い母馬という指標を用いて分析した．その結果，哺乳期を通じて母馬間距離が近い傾向にある場合，それぞれの子馬間の距離も近いことを明らかにし，繁殖雌馬群内にサブグループが存在するとみなした．離乳した後に離乳子馬だけで形成した群では，一見この距離関係は2次元的な解析では解消したように見受けられたが，ソシアル・ネットワーク解析という3次元的な解析を行ってみると，繁殖雌馬群内のサブグループと近似した子馬群が検出され，母馬どうしのサブグループはそれぞれが生産した子馬にも引き継がれていく可能性を示唆した．

このことは，離乳した子馬たちを群にする場合，母馬どうしが近接した距離にいた子馬どうしで群を形成させた方が比較的安定的に群が形成されうることを示唆している．また同時に，野生馬の群におけるハレム内の雌馬群の永続性が暗示される研究である． 〔近藤誠司〕

参 考 文 献

Andersson, L. S., Larhammar, M., F. Wootz, H., Schwochow, D., Rubbin, C., Patra, K., Arnason, T., Wellbring, L., Hjalm, G., Imsland, F., Petersen, J. L., McCue, M. E., Mickelson, J. R., Cothran, G., Ahituv, N., Roepstoff, L., Mikko, S., Vallsstedt, A., Lindgren, G., Andersson, L., Kullandander, K. (2013)：Mutations in DMRT3 affect locomotion in horses and spinal circuit function in mice. *Nature*, **488**：642-646.
Gudmundsson, O., Helgadottir, O. R. (1980)：Mixed grazing on lowland bog in Iceland. In：Proceedings of q Workshop on Mixed Grazing (Nolan, T., Connonlly, J. eds.), pp. 20-31, Galway, Iceland.
Hancock, J. (1953)：Grazing behaviour of cattle. *Anim. Breed. Abs.*, **21**：1-13.
Kaseda, K., Ashra, A. M., Ogawa, H. (1995)：Harem stability and reproductive success of Misaki feral horses. *Equine vet. J.*, **27**：368-372.
加世田雄時朗・野澤 謙 (1996)：御崎馬における父娘交配とその回避機構，日畜会報，**67**：996-1002.
Kawai, M., Inaba, H., Kondo, S., Hata, H., Okubo, M. (1999)：Comparison of intake, digestibility and nutritive value of Sasa nipponica in Hokkaido native horses on summer and winter woodland pasture. *Grassland Science*, **45**：15-19.
木村李花子 (2007)：野生馬を追う―ウマのフィールド・サイエンス，東京大学出版会．
Kondo, S., Kawakami, N., Kohama, H., Nishino, S. (1984)：Changes in activity, spatial pattern and social behavior in calves after grouping. *Anim. Ethol.*, **11**：217-228.
Kondo, S., Yasue, T., Ogawa, K., Okubo, M., Asahida, Y. (1994)：Native horse production in woodland pasture and grassland in Hokkaido, northernmost of Japan. In：Proceedings of the International Symposium on Grassland Resources (Li Bo ed.), pp. 1145-1149, China Agriculture Scientech Press, Beijing.

近藤誠司 (2002)：ウマの動物学，アニマルサイエンス1，東京大学出版会.
近藤誠司 (2005)：牛の繁殖成績と雄の関与．家畜人工授精，**231**：19-28.
Miyaji, M., Ueda, K., Hata, H., Kondo, S. (2011)：*Animal Feed Science and Technology*, **165**：61-67.
Miyaji, M., Ueda, K., Hata, H., Kondo, S. (2014)：Effect of grass hay intake on fiber digestion and digesta retention time in the hindgut of horses. *J. Anim. Sci.*, **92**：1574-1581.
Novellie, P. A. (1978)：Comparidon of the foraging strategies of blesbok and springbok on the Transvaal highveld. *South African Journal of Wildland Research*, **8**：137-144.
Sato, F., Tada, S., Mitani, T., Ueda, K. and Kondo, S. (2015)：Structure of subgroup in mares and foals in a herd of reproductive horse and formation change of subgroup in weaned foals. In：Proceedings of the Congress of International Society of Applied Ethology, p. 123, Sapporo.
Shingu, Y., Kondo, S., Hata, H. (2010)：Differences in grazing behavior of horses and cattle at the feeding station scale on woodland pasture. *Animal Science Journal*, **81**：384-392.
上田純治・三浦　圭・山田文啓・秦　寛 (2013)：北海道和種馬における側対歩遺伝子の多型について．北海道畜産草地学会報，第2回講演要旨，**1**：19.
Warning, G. H. (1983)：Horse Behavior, Noyes Publications, New York.

5. ウマの繁殖

　哺乳類の繁殖戦略には，r戦略とk戦略の2種類が知られている．小型で発育が早く，短い間隔で1回にたくさんの子供を産むタイプと，身体が大きくて成長が遅く，1回に1頭の子供を産んで長い時間をかけて育てるタイプの2種類がある．前者をr繁殖戦略，後者をk繁殖戦略と呼ぶが，ウマはk戦略をとる哺乳類である．ウマは，家畜化により長い間ヒトによって繁殖をコントロールされてきたが，特有の繁殖特性は維持されている．

　哺乳類の生殖は，雌雄ともに視床下部・下垂体・性腺（卵巣と精巣）軸と呼ばれる身体の仕組みによって調節されている．雌は，性成熟期に達すると排卵し，雄と交尾して妊娠し，子を分娩して泌乳によって育てる完全生殖周期を営む．やがて老化により卵巣機能が低下して排卵が停止するまで繁殖行動を続ける．このような繁殖行動とその調節メカニズムはいずれの哺乳類でも共通であるが，種によって様々な特殊性がある．本章では，ウマに特有な生殖機能について記述する．

5.1　長日性季節繁殖動物としての特徴

　ウマは，典型的な長日性季節繁殖動物であり，日照時間が長くなる春から夏にかけて繁殖季節を迎え，雌は約21〜22日周期で排卵を繰り返し，雄は造精機能が賦活する．一方，秋から冬には非繁殖季節に入り，雌雄ともに繁殖機能が低下する．雌では排卵が一定期間停止し，雄では造精機能が低下する．雌馬は，繁殖季節の春から夏に雄と交尾して妊娠し，約340日間の妊娠期間を経て，餌となる草の豊富な翌年の春に子馬を出産する．

　日照時間の変化は，網膜を通じて脳の松果体に伝えられる．松果体では暗くなると分泌量が増加するメラトニンというホルモンを産生しており，このメラ

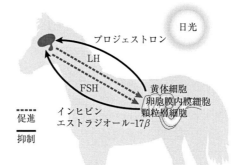

図 5.1 雌馬の視床下部・下垂体前葉・卵巣軸の調節機構（永田俊一氏原図）
ウマは，繁殖季節（長日条件）になると視床下部からキスペプチン分泌が増加し，性腺刺激ホルモン放出ホルモン（GnRH）分泌を促進する．GnRH は，下垂体前葉から二つの性腺刺激ホルモンである黄体形成ホルモン（LH）と卵胞刺激ホルモン（FSH）の分泌を促進する．LH と FSH は，卵巣に作用して卵胞発育・排卵を促進する．卵巣からは，ステロイドホルモン（プロジェステロン，テストステロン，エストラジオール-17β）とインヒビンが分泌される．ステロイドホルモンは，視床下部と下垂体に正と負のフィードバック調節を行う．インヒビンは，下垂体に作用して FSH 分泌を抑制する．非繁殖季節（短日条件）では，視床下部・下垂体前葉・卵巣機能は低下する．雄馬でも日照時間の変化に対応して精巣機能が変化する．繁殖季節には，精子形成能が高まり，非繁殖期には低下する．

トニンの分泌量がトリガーとして体内の性腺機能をコントロールする．長日条件が続いてメラトニンの分泌量が下がると，視床下部からキスペプチンの分泌量が増加し，これが性腺刺激ホルモン放出ホルモン（GnRH）の分泌を刺激し，GnRH が下垂体門脈を通って下垂体前葉に到達して黄体形成ホルモン（LH）と卵胞刺激ホルモン（FSH）の 2 種類の性腺刺激ホルモンの分泌を促進する．この 2 種類の性腺刺激ホルモンが性腺（卵巣と精巣）に作用して，雌では卵巣での卵胞発育・排卵・黄体形成，雄では精巣での精子形成を刺激する．下垂体前葉から分泌されるプロラクチンも日照時間の延長や気温の上昇にともなって分泌量が増加することから，動物に日照時間や季節の変化を伝える重要なホルモンの一つになっている．また，プロラクチンは，乳汁の産生，換毛や母性行動の促進，腸管からのカルシウムの吸収促進，免疫機能増強など多彩な作用をもつタンパク質ホルモンであり，季節繁殖の調節に関与する重要なホルモンの一つである（図 5.1）．

5.2 春機発動と性成熟

　哺乳類の雌は通常，生後一定期間は卵巣では周期的な卵胞発育や排卵が起こらず，決まった時期に卵巣で卵胞が発育して発情し初排卵が起こる．この時期を春機発動と呼び，性成熟過程の開始にあたる．初排卵後はしばらく発情周期が不規則になるが，やがて安定した発情周期を繰り返すようになる．発情周期が安定し，交尾，妊娠，分娩，泌乳が可能になるまで身体が成長した時期をもって性成熟に達したとみなされる．ウマは季節繁殖動物であり，春から夏に生まれた雌馬では1歳の春に初排卵が観察されることから，春機発動時期は1歳前後とされる．ウマは通常4歳頃までは身体が発育し続けるので，性成熟時期は4歳頃とされている．雌馬の排卵は，繁殖季節の間約21～22日周期で繰り返される．

　雄馬では，雌と同様に出生後一定期間は精巣で精子形成が起こらず，雌の初排卵時期に一致して春機発動を迎え精巣で精子形成が始まる．雌を妊娠させられる性成熟期はやはり4歳頃である．

5.3 雌馬の繁殖

5.3.1 卵巣の形態学的特徴

　雌馬の卵巣は，他の哺乳類と比べて，ユニークな形態学的特徴を有している．一般に哺乳類の卵巣では，皮質が辺縁部に，髄質が中心部に位置しているのに対し，ウマの卵巣は髄質が辺縁部に，皮質が中心部に位置しており，逆の構造をしている．また一般の哺乳類では，排卵は卵巣のどの表面からも起こるのに対し，ウマでは排卵窩 (ovulation fossa) と呼ばれる部位からのみ排卵が起こる．したがってウマの卵巣では，卵胞は成熟するにしたがって卵巣内を移動して排卵窩から排卵される．さらに，排卵直前の卵胞は直径が 5.0 cm 以上にも成長する．体重がウマと同じ程度であるウシでは成熟卵胞の直径が約 1.0～2.0 cm であることと比較すると，ウマの成熟卵胞はきわめて大きい（図 5.2）．

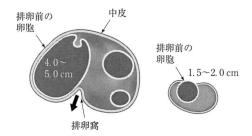

図5.2 ウマとウシの卵巣構造の比較（南保泰雄氏原図）
左がウマの卵巣，右がウシの卵巣．ウマの卵巣は，髄質が辺縁部，皮質が中心部に位置しており，ウシとは逆の構造になっている．

5.3.2 性周期中の卵胞発育，排卵と黄体機能

　哺乳類の性周期は，排卵を境にして卵胞期と黄体期という明確な2期をもつ完全性周期と，黄体期がない（排卵後に形成された黄体からのプロジェステロン分泌量が少ない）不完全性周期に分かれる．ウマは前者の完全性周期を示し，繁殖季節中に約21～22日周期で発情と排卵を繰り返し，通常1個の卵を排卵する．非繁殖季節から繁殖季節あるいはその逆の移行期には，発情周期の延長が認められる．

　草食動物であるウシ，ウマ，ヒツジ，ヤギでは，1回の発情周期中に卵巣内では2～4回卵胞が発育する（卵胞発育波）．それぞれの卵胞発育波では，数個の卵胞が発育を開始し，やがてその中から1個の卵胞が選択されて主席卵胞となり，他の卵胞は変性退行する．ウマの卵胞発育波は一般に1～2回で，2回ある場合には，2回目の卵胞発育波で発育した主席卵胞が黄体形成ホルモンの大量放出（LHサージ）を受けて排卵する．1回目の卵胞発育波で発育した主席卵胞は，排卵せずに変性退行する．

　発情周期中には雌が雄を許容する発情行動が起こる．ウマは発情行動が終了してから24～48時間後に排卵し，雄馬との交配は排卵の12時間程度前が最適とされている．発情行動は草食動物ではふつう数時間から数日であるが，ウマでは1週間も続くことが特徴であり，交配適期の判断が難しい．卵巣で起っている卵胞発育・排卵・黄体形成と退行などの変化は，直腸検査や超音波画像診断装置により観察することができる．

5.3.3 発情周期の内分泌学的調節

 雌馬の発情周期中における5種類の血中生殖関連ホルモン（LH，FSH，インヒビン，エストラジオール-17β，プロジェステロン）濃度の変化を図5.3に示した．ウマの発情周期中における卵巣での卵胞発育・排卵・黄体形成・黄体退行などは他の哺乳類と同様だが，ホルモンの分泌パターンでは，他の哺乳類には見られない二つの特徴が認められる．

 その第一は，排卵前のLHサージの分泌様式である．ヒトを含めた哺乳類では，排卵を誘発するLHサージは，血中LH濃度が基底レベルの10～50倍の濃度にまで急激に上昇し，LHサージを受けた成熟卵胞が10～36時間後に排卵する．一方，ウマでは，排卵前の約1週間にも及ぶ長期間にわたり血中LH濃度がゆるやかに上昇する．また上昇した血中LH濃度も基底レベルの4～5倍程度と，他の哺乳類に比べると著しく低い．さらに，

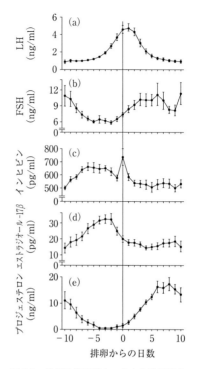

図5.3 雌馬発情周期中の血中生殖関連ホルモン濃度の変化（長嶺夏子氏原図）
(a) 黄体形成ホルモン（LH），(b) 卵胞刺激ホルモン（FSH），(c) インヒビン，(d) エストラジオール-17β，(e) プロジェステロン．0は排卵日を示す（平均±標準誤差，$n=13$）．

ウマのLHサージは排卵後も続き，排卵後1日目にピークに達し，その後徐々に下降する．これに対して，血中FSH濃度はLHと異なり，卵胞期には卵胞の成熟にともなって低下し，黄体期には高い基底レベルを示す．

 第二の特徴は，インヒビン分泌パターンである．インヒビンは，卵巣の卵胞顆粒層細胞から分泌される糖タンパク質ホルモンであり，卵胞の発育にともなってエストラジオール-17βとともに血中濃度が上昇し，成熟卵胞が排卵すると急激に低下する．ところがウマでは，排卵日に血中インヒビン濃度が一旦低下した後に再び上昇する現象が認められ「インヒビンの排卵サージ」と呼ばれている．黄体期には，血中インヒビンとエストラジオール-17β濃度はともに低く，FSHの変化と明らかな負の相関関係を示している．血中プロジェス

テロン濃度は，排卵後すみやかに上昇して黄体期に高値を示し，他の哺乳類と変わらない．

5.3.4 雌馬に特有なホルモンのフィードバックシステム

前項で述べた雌馬特有の現象「インヒビンの排卵サージ」のメカニズムは，次のように考えられている．インヒビンの排卵サージは，卵胞が破裂した直後から約12時間の間に出現し，その後基底レベルに低下する．ウマでは，排卵直前の成熟卵胞が直径 5.0 cm 以上にも発育することから，その成熟卵胞に含まれる卵胞液の量も 50.0 ml 以上に達すると考えられる．排卵時には，この大量の卵胞液も卵とともに排卵窩から卵管采に向けて排出される．しかし，卵管采はすべての卵胞液を吸収できず，一部の卵胞液は卵管采の間をすり抜けて腹腔内に漏れ出る．成熟卵胞の卵胞液中には，高濃度のインヒビンとエストラジオール-17β が含まれていることから，この漏れた卵胞液中のインヒビンが循環血中に再吸収されることにより，血中インヒビン濃度が一過性に上昇する（図5.4）．

それではこのインヒビンの排卵サージは，どのような生理作用があるのだろうか．現在その作用は，排卵後に出現するFSHの第2サージの抑制であろうと推察されている．ウシやヤギなどの草食動物やラットやマウスなどのげっ歯類でも，排卵前後に2回のFSHサージが観察される．第1サージは，排卵

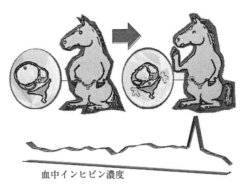

図 5.4 雌馬の排卵時に出現するインヒビンの排卵サージ（長嶺夏子氏原図）
排卵（卵胞破裂）にともない大量の卵胞液が腹腔内に漏れ，卵胞液中の高濃度のインヒビンが循環血液中に吸収される．

前のLHサージと同時に起こり，視床下部からのGnRHサージにより誘導される．一方，排卵後に起こる第2サージは，LHサージをともなわず血中FSH濃度のみが上昇する現象であり，排卵によりそれまで成熟卵胞から大量に分泌していたインヒビンが急激に低下することにより，下垂体前葉からのFSH分泌が抑制されなくなり大量のFSHが分泌されるものだと解釈されている．このFSHの第2サージは，排卵後の卵胞発育促進の役割を有していることから，第2サージの欠如は，排卵後の卵胞発育の抑制につながる．すなわち，ウマのインヒビンの排卵サージは，FSHの第2サージの抑制を介して黄体期初期に起こる卵胞発育波を抑制していると解釈される．

5.3.5 卵胞発育・排卵様式の特徴と2排卵

ウマに特徴的な発情周期中の生殖関連ホルモンの分泌パターンと卵胞発育様式の関係について図5.5にまとめた．黄体が退行してプロジェステロン分泌が

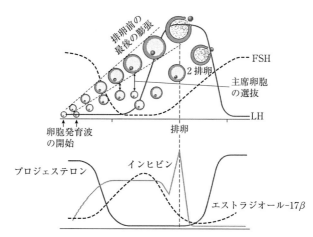

図5.5 雌馬発情周期中の卵胞発育・排卵と血中生殖関連ホルモン濃度変化の概念図（長嶺夏子氏原図）
血中黄体形成ホルモン(LH)濃度は，基底レベルの4〜5倍程度の上昇(LHサージ)を示し，排卵後1日目にピーク値を示す．卵胞刺激ホルモン(FSH)濃度は，卵胞が発育するにしたがって低下して卵胞期後半は低値を示し，黄体期には基底レベルに上昇する．インヒビンは卵胞の発育にともなって上昇し，排卵時に一旦低下するが，排卵後一過性に上昇する（インヒビンの排卵サージ）が黄体期には低値を示す．エストラジオール-17βは卵胞の発育にともなって上昇し，排卵後は急激に低下して，黄体期は低値を示す．プロジェステロンは排卵後上昇して，黄体期には高値を維持する．

低下すると，FSH の作用により卵胞発育波が開始する．卵胞発育が進むにつれて卵胞からインヒビン分泌量が増加して，FSH 分泌が抑制される．主席卵胞の成熟が進むとエストラジオール-17β 分泌量が増加して LH サージを誘発して成熟卵胞が排卵する．排卵後は，インヒビンの排卵サージが起こり FSH の第 2 サージを抑制する．低濃度で約 1 週間続く LH サージは，卵胞成熟の初期段階では排卵に至る主席卵胞の成熟を促進し，卵胞が十分に成熟すると排卵を誘起する．

ウマは 1 回の排卵で 1 個の卵を排卵するが（単排卵動物という），しばしば一度に 2 排卵が起こり，双胎妊娠することがある．サラブレッド種では 37.2% に 2 排卵が起こるとの報告もある．2 排卵が多いのは，高濃度の血中 LH が排卵後にも続くことが原因の一つであると考えられる．馬生産の現場では，双胎妊娠は胎子の発育不全や分娩時の事故につながることが多いことから，妊娠早期に減胎処置を行っている．

5.3.6 妊娠維持機構

ウマの妊娠期間は，約 340 日間と大型動物の中でも長く，妊娠維持機構にも以下のような特有の現象がある．

a. 受精卵の卵管内移動

ウマの受精卵は卵管で分裂を繰り返し，受精後 6 日ごろに子宮へ移動する．未受精卵は卵管内に留まり，やがて変性して卵管内で吸収されるが，排卵後 200 日以上も未受精卵が卵管内に残っていた例もある．このように，ウマでは受精卵のみが卵管を通過して子宮へ移行できる特殊な機構が働いており，未受精卵は子宮内へ移動しない．受精卵がプロスタグランディン E2 を分泌して，これが卵管の平滑筋を弛緩させ，受精卵のみを子宮へ移動すると考えられている．

b. 胚の子宮内移動と着床時期

ラット，マウス，ハムスターなどのげっ歯類では受精後 5 日，ブタ，ヒツジ，ウシなどの家畜では受精後 13～22 日で胚が子宮内膜に着床する．ウマの胚は子宮に移行した後，活溌に子宮内を移動し，受精後 16～17 日頃子宮内で静止（固着）する．そして受精後 40 日前後に子宮内膜への着床を開始し，子宮内膜杯を形成する．ウマ胚の着床時期は，ゾウの約 50 日についで遅い．

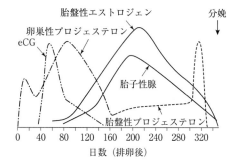

図 5.6 ウマ妊娠中の血中各種ホルモン濃度の変化と胎子性腺の肥大化現象（田中弓子氏原図）
妊娠前半期に子宮内膜杯からウマ絨毛性性腺刺激ホルモン（eCG）が分泌され，副黄体が形成される．妊娠前半期には，副黄体から分泌されるプロジェステロンにより妊娠が維持されるが，妊娠後半期には，胎盤からプロジェステロンが分泌されて妊娠が維持される．妊娠後半期に，母馬血中エストロジェン濃度が著しく上昇する時期に並行して胎子の性腺が肥大する．

妊娠診断は，直腸検査や超音波診断装置により行われ，妊娠 10～12 日で胚の確認が可能である．

c. ウマ絨毛性性腺刺激ホルモンの分泌と副黄体の形成

ウマの妊娠の特徴の一つとして，妊娠初期に子宮内膜杯からウマ絨毛性性腺刺激ホルモン（equine chorionic gonadotropin：eCG）が分泌され，母馬卵巣に副黄体（accessory corpus luteum）を形成することが知られている．eCG は，胎盤が妊娠維持に十分な量のプロジェステロン様ホルモンを分泌するまで妊娠を維持する役割を果たしている．そのため妊娠 150 日以降はほとんど検出されなくなる（図 5.6）．

eCG は，妊娠馬の卵巣を刺激して多数の卵胞を発育させ，発育した卵胞を排卵させるかあるいは閉鎖黄体化させて副黄体を形成し，初期の妊娠維持に必要なプロジェステロンを分泌させる．副黄体は，妊娠 150～200 日頃まで卵巣に存在する．妊娠中期以降は，胎盤がプロジェステロン様ホルモン（5α-プレグナン）を分泌して妊娠を維持する．したがって，ウマは妊娠中に排卵黄体・副黄体・胎盤と，プロジェステロン様ホルモンの分泌源が変化しつつ妊娠が維持されることが特徴である．

eCG は，以前は妊馬血清性性腺刺激ホルモン（pregnant mare serum gonadotropin：PMSG）と呼ばれていた．α 鎖と β 鎖からなり，アミノ酸配列

はウマ下垂体性LHと同一で，これに糖が結合した形となっている（分子量53000）．妊娠40〜150日の間に子宮内膜杯から大量のeCGが血中に分泌されるが，尿中には検出されない．eCGは，ウマ以外の動物ではFSHレセプターと結合して強力なFSH様作用を有することから，卵胞発育促進ホルモンとして臨床的に広く用いられる．ウマの胎盤は，妊娠の維持に必要なステロイドホルモン，アクチビンやリラキシンなどのホルモンを分泌する．

ウマ以外で絨毛性性腺刺激ホルモンを分泌する動物としては，ロバ，ヒト，サル，チンパンジーなどが知られている．

d. 胎子性腺（卵巣・精巣）の肥大化現象

ウマでは，妊娠中期から後期に胎子の性腺（卵巣・精巣）が著しく肥大する現象が古くから知られている（図5.7）．胎齢200〜250日では，胎子の性腺が母ウマの卵巣よりも大きく発育する（図5.8）．組織学的には，間質系細胞の増殖肥大による結果であり，外見は卵巣・精巣とも腎臓に似ている．アリストテレスがウマの胎子を解剖して「ウマの胎子には腎臓が4個存在する」といったという逸話が知られている．しかしこの肥大した性腺は，出生時には最大肥大時の1/10程度にまで縮小する．胎子性腺の肥大と妊娠母馬の血中エストロジェン濃度の変化が並行すること，および妊娠中に胎子の性腺を摘出すると母馬血中のエストロジェン濃度が急激に低下することから，ウマ胎子性腺の肥大

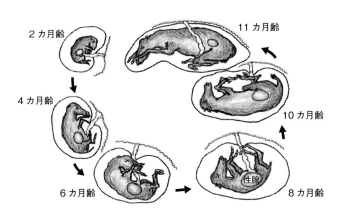

図5.7 ウマの妊娠経過にともなう胎子の成長と性腺肥大（イメージ図）（野田志穂氏原図）
胎子の性腺（卵巣・精巣）は，8カ月齢をピークに肥大し，出生時には，再び縮小する．

図 5.8 馬胎子性腺（卵巣と精巣）と母馬の卵巣（田中弓子氏原図）[口絵参照]
左：上が母馬の卵巣，下が胎子の卵巣と子宮（妊娠 153 日）.
右：上が母馬の卵巣，下が胎子の精巣（妊娠 208 日）.
胎子の卵巣と精巣が母馬の卵巣と同程度まで肥大している.

化は，妊娠状態を維持するのに必要な大量のエストロジェンを供給するために，胎子性腺・胎盤・子宮の三つの器官が協同してはたらく，いわゆる「胎子性腺・胎盤・子宮ユニット」の一角をなし，胎盤でのエストロジェン分泌のための前駆物質を供給しているものと考えられている．このような現象からウマ胎子は，性腺から大量のデヒドロエピアンドロステロン（3β-hydroxyandrost-5-en-17-one：DHEA），プロジェステロン，テストステロン，エストロジェンなどのステロイドホルモンを分泌して，これを胎盤で大量のエストロジェンに変換し，母体へ供給することによって妊娠を維持していると考えられている．また，エストロジェンは，子宮を拡大する作用を有するホルモンであることから，妊娠後半期の胎子の急激な成長に必要な母体の子宮を拡大する生理的役割を有すると考えられている．

e. ウマに特有なエストロジェン：エクイリンとエクイレニン

妊娠馬の胎盤から分泌されるウマ特有の 2 種類のエストロジェンがあることは 1930 年代から知られていた．エクイリン（equilin, 3-hydroxyestra-1, 3, 5 (10), 7-tetraen-17-one）とエクイレニン（equilenin, 3-hydroxyestra-1, 3, 5 (10), 6, 8-pretaen-17-one）である．妊娠馬の尿中に多量に検出される．エクイリンとエクイレニンは，生成の過程でコレステロールを介さずに合成されるホルモンで，ステロイド骨格の B 環が不飽和のエストロジェンであり，中程度のエストロジェン活性を示すが生理作用は明らかではない．

5.3.7 分娩後発情と分娩後排卵

通常の動物では,分娩後の泌乳期には母動物の卵巣機能が抑制され排卵が停止するが,ウマは分娩後2週間以内に発情,排卵し(分娩後排卵:postpartum ovulation),交尾・妊娠が可能になる.分娩後発情は,一般にfoal heatと呼ばれている.分娩後排卵に至る卵胞の発育は,妊娠末期からすでに開始している.母馬が分娩後発情になると子馬が激しい下痢を起こすことが知られている.この発情で妊娠した場合には,子馬に泌乳しながら妊娠を継続する泌乳期妊娠(追いかけ妊娠:concurrent pregnancy)を経過して翌年の繁殖季節に出産する.ウマの分娩後排卵に類似した現象は,マウスやラットなどのげっ歯類で,分娩後24時間以内に排卵する後分娩排卵が知られている.

5.3.8 初乳の重要性

出生した直後の子馬は,細菌やウイルスに対する抗体をもっていないために感染症にかかる危険性が高い.ヒトの場合には,妊娠中に母体の胎盤を通じて母親から胎子に抗体が移行するが,ウマ,ウシなどではこれは行われない.ウマでは,母馬の初乳には通常の母乳には含まれていない抗体が含まれており,子馬は自分で抗体を産生できるようになるまで,母馬の初乳から移行された抗体により病原体からの感染を防御している.初乳に十分な抗体が含まれていない場合,あるいは子馬が十分な量の初乳を飲めなかった場合には,移行免疫不全症を発症することがある.初乳に含まれる抗体の量は,分娩後の時間経過とともに減少する.分娩後の初乳中IgG濃度を測定した報告によると,分娩4時間後には,分娩直後の1/40に低下する.また,子馬の腸管からの抗体の吸収能も出生後の時間経過とともに低下する.出生直後51%であった抗体吸収率は,12時間後には28%,22時間後には1%にまで低下する.したがって,出生後できるだけ早く子馬に十分な初乳を飲ませることが大切である.

5.4 雄馬の繁殖

5.4.1 精巣機能の季節変動

雄が成熟して精子形成を開始するためには,FSHとLHの共同作用が必要である.ひとたび精子形成が開始されると,一定レベルのFSHとテストステ

ロンによって精子形成は維持される．LHは，ライディヒ細胞を刺激してテストステロン分泌を刺激する．このテストステロンが精細管上皮細胞に作用することにより精子形成を促進する．5αジヒドロテストステロンに還元される必要はない．FSHは，精細管のセルトリ細胞に働いて精子形成促進作用を発揮するほか，セルトリ細胞に作用してアンドロジェン結合タンパク（androgen binding protein）やインヒビンの分泌を促進する．

　雄馬の血中生殖関連ホルモン濃度の変化を図5.9に示した．長日性季節繁殖動物であるウマでは，春から夏の繁殖季節に入ると，下垂体前葉からFSH，LH，プロラクチンの分泌上昇と精巣ホルモン（テストステロン，エストラジオール-17β，インヒビン）の分泌上昇が同時に認められ，精子形成が刺激される．秋と冬には，いずれのホルモンの分泌も低下する．精巣のサイズも縮小するが，造精機能が完全に停止することはなく，雌を妊娠させることは可能である．

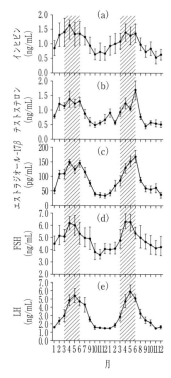

図5.9　雄馬の血中生殖関連ホルモン濃度の2年間の季節変化（永田俊一氏原図）
(a) インヒビン，(b) テストステロン，(c) エストラジオール-17β，(d) 卵胞刺激ホルモン (FSH)，(e) 黄体形成ホルモン(LH)（平均±標準誤差，$n=5$）．斜線部分は繁殖季節を示す．

5.4.2　精巣内分泌機能

　雄馬の精巣は，大量のエストロジェンを分泌するという特徴がある．成熟した雄馬の血中エストロジェン濃度は，成熟した雌馬の3〜5倍の高値を示す（図5.3と図5.9を比較）．一般に雄の精巣機能は，二つの性腺刺激ホルモンにより調節されている．すなわち，LHがライディヒ細胞に作用してテストステロンの分泌を促進し，テストステロンが精細管のセルトリ細胞に移動して，FSHの作用で芳香化酸素（aromatase）が活性化してエストロジェンに変換される．繁殖季節中の雄馬の精巣では，ライディヒ細胞の発達が著しく，これがエストロジェンの主要な分泌源であろうと解釈されている．しかし，高濃度の

エストロジェンの生理作用は明らかでない．ライディヒ細胞からはインヒビンも分泌される．また，セルトリ細胞は抗ミューラー管ホルモン（anti-Müllerian hormone）を分泌することから，潜在精巣の診断に用いられている．

5.5　繁殖機能の人為的調節

5.5.1　人工授精と胚移植

　現在の家畜生産には，人工授精法が広く普及している．ウマでも，人工授精技術が開発された1930年代から研究が進み，現在では乗馬やばん馬では人工授精が使用されているが，サラブレッド種については人工授精で生産されたウマは競走馬として登録できない．ウマにおける人工受精技術では，雄馬精子の耐凍性に個体差が大きいことが課題となっている．

　胚移植は日本が世界で最初に成功した技術であり，世界中の乗用馬を対象に広く用いられているが，日本ではおもに研究目的で使用され，日常的にウマ生産現場で応用されるには至っていない．

5.5.2　光線処理法の応用による分娩の早期化

　ウマは典型的な長日性季節繁殖動物であることから，日照時間により性腺の機能が変化する．この特徴を利用してウマ生産現場では，非繁殖季節である12月から馬房に電灯をつけて日照時間を14.5時間に延長する光線処理法が用いられている．これにより雌馬は通常よりも約2カ月早く繁殖季節を迎えて発情・排卵し，翌年の出産時期を早めることができる．光線処理法は，雄馬の精巣機能も賦活できる．光線処理法を育成期の若馬に施すと，性腺機能ばかりではなく身体の成長や被毛の変化なども刺激することが明らかにされている．近年では，英国の会社から光線処理法を応用したウマ用の「ライトマスク」が販売されている．これはウマの顔に装着するマスクで，片方の目に青色の光を当てて，松果体からのメラトニン分泌を抑制して長日条件に類似した効果をもたらす．放牧中のウマに装着することも可能である．

5.5.3　ホルモン投与による非妊娠馬の乳腺発育誘導

　子馬は約6カ月間母馬からの哺乳によって成長する．ウマ生産現場では，難

産や分娩時の事故により，母馬が死亡したり泌乳できなくなったりするケースも多い．このような場合には，乳母馬を使って子馬を育てるのがふつうであるが，タイミングよく乳母馬の準備をすることは容易ではない．そこで，非妊娠馬にホルモン処置を行うことにより，泌乳を誘導し，乳母馬として使用することが可能である．乳母馬としては，一般にハーフリンガー種など性格が比較的温和で中型種のウマが使用されるが，サラブレッドでも可能である．14日間のホルモン投与で雌サラブレッド種に泌乳を誘導し，乳母馬としての使用に成功し，かつ受胎にも成功したとの報告もある．泌乳の誘導には，エストロジェンとプロラクチンが必須であることから，作用持続性エストロジェン製剤とプロラクチン放出誘導のためのドパミン分泌抑制剤が使用される．

5.6 お わ り に

　ウマは，家畜化されてから人間によって，様々な用途に適した体型の馬に品種改良されてきたが，繁殖特性に関してはウマ本来の長日性季節繁殖動物としての特性が維持されてきた．繁殖を調節する体内器官として，脳（視床下部・下垂体）と性腺（卵巣・精巣）の機能的関連性はいずれの哺乳類でも共通であるが，動物種により多様性を有している．とくにウマについては，他の哺乳類に見られないウマ特有の調節機構が明らかにされてきた．雌馬では，黄体退行の目的で使用されるプロスタグランディン F2α の作用がウシに比べて，きわめて少量で有効であるなどの特徴があり，Kozai ら（2016）の研究では，ウマの子宮内膜では，プロスタグランディン F2α の自動増幅作用（auto-amplification）が作動するなどの新知見が得られている．

　ウマは，草食動物であるが反芻動物とは異なるウマ特有の生殖生理学的特徴を有している．今後も新たな現象の発見とメカニズム解明のための基礎研究と臨床・応用研究のさらなる進展が期待される．　　　　　　　　　　〔田谷一善〕

参 考 文 献

Dhakal, P., Tsunoda, N., Nakai, R., Kitaura, T., Harada, T., Ito, M., Nagaoka, K., Toishi, Y., Taniyama, H., Watanabe, G., Taya, K. (2011)：Annual changes in day-length, temperature, and circulating reproductive hormones in thoroughbred stallions and geldings. *J. Equine Sci.,* **22** : 29-36.

Dhakal P, Tsunoda N, Nambo Y, Hiroyuki Taniyama H, Nagaoka N, Watanabe G, Taya K. (2021). Circulating activin A during equine gestation and immunolocalization of its receptors system in utero-placental tissues and fetal gonads. *J. Equine. Sci.,* **32** : 39-48.

Harada T, Nambo Y, Ishimaru M. Sato F. Nagaoka K, Watanabe G, Taya K. (2015). Promoting effects of an extended photoperiod treatment on the condition of hair coats and gonadal function in Thoroughbred weanlings. *J. Equine. Sci.,* **26** : 147-150.

Korosue, K., Murase, H., Sato, F., Ishimaru, M., Harada, T., Watanabe, G., Taya, K., Nambo, Y. (2012) : Successful induction of lactation in a barren Thoroughbred mare : growth of a foal raised on induced lactation and the corresponding maternal hormone profiles. *J. Vet. Med. Sci.,* **74** : 995-1002.

Kozai, K., Tokuyama, S., Szostek, A. Z., Toishi, Y., Tsunoda, N., Taya, K., Sakatani, M., Takahashi, M., Nambo, Y., Skarzynski, D. J., Yamamoto, Y., Kimura, K., Okuda, K. (2016) : Evidence for a $PGF_{2\alpha}$ auto-amplification system in the endometrium in mares. *Reproduction,* **151** : 517-526.

Kunii, H., Nambo, Y., Okano, A., Matsui, A., Ishimaru, M., Asai, Y., Sato, F., Fujii, K., Nagaoka, K., Watanabe, G., Taya, K. (2015) : Effects of extended photoperiod on gonadal function and condition of hair coats in Thoroughbred colts and fillies. *J. Equine Sci.,* **26**(2) : 57-65.

Murase, H., Saito, S., Amaya, T., Sato, F., Ball, B. A., Nambo, Y. (2015) : Anti-Müllerian hormone as an indicator of hemi-castrated unilateral cryptorchid horses. *Journal of Equine Science,* **26**(1) : 15-20.

Murphy, B. A., Walsh, C. M., Woodward, E. M., Prendergast, R. L., Ryle, J. P., Fallon, L. H., Troedsson, M. H. T. (2014) : Blue light from individual light masks directed at a single eye advances the breeding season in mares. *Equine Vet. J.,* **46** : 601-605.

Nagata, S., Tsunoda, N., Nagamine, N., Tanaka, Y., Taniyama, H., Nambo, Y., Watanabe, G., Taya, K. (1998) : Testicular inhibin in the stallion : cellular source and seasonal changes in its secretion. *Biol. Reprod.,* **59** : 62-68.

南保泰雄・渡辺　元・田谷一善（2008）：雌ウマの生殖内分泌学：排卵時に認められるインヒビンサージの発現機構と生理学的意義．日本生殖内分泌学会誌，**13**：31-35.

Nambo, Y., Okano, A., Kunii, H., Harada, T., Dhakal, P., Matsui, A., Korosue, K., Yamanobe, A., Nagata, S., Watanabe, G., Taya, K. (2010) : Effect of extended photoperiod on reproductive endocrinology and body composition in Thoroughbred yearlings and weanlings. *Anim. Reprod. Sci.,* **1215** : s35-s37.

Suzuki T, Mizukami H, Nambo Y, Ishimaru M, Miyata K, Akiyama K, Korosue K, Naito H, Nagaoka K, Watanabe G, Taya K. (2015). Different effects of extended photoperiod treatment on growth, gonadal function, and condition of hair coats in Thoroughbred yearlings reared under different climate conditions. *J. Equine. Sci.,* **26** : 113-124.

冨成雅尚（2015）：初乳で防ぐ新生子馬の感染症．BTCニュース，**98**：12-17.

6. ウマの遺伝

6.1 遺　　伝

6.1.1 遺　伝　学

遺伝学（genetics）とは，遺伝継承（heredity）と多様性（variation）を扱う学問である．従来，日本の遺伝学は，遺伝継承のみに主眼がおかれて発展してきた．しかし，今日，様々な生物種のゲノム配列が解読され，同一種であっても数百万を超える一塩基多型（single nucleotide polymorphism：SNP）が確認されるなど，多様性を考慮する意義は大きくなっている．

SNPをはじめとする多型は，エクソンやイントロンなどの遺伝子領域以外にも存在することから，これまで使用されてきた用語に関しても，好ましい語彙・訳語とはいえなくなりつつある．ここでは，多様性の概念を踏まえた遺伝学に焦点をおき，新たに提唱されている用語（表6.1）を用いて述べる．

表6.1　遺伝学用語（日本人類遺伝学会，2009）

英語	日本語	
	改訂後	改訂前
genetics	遺伝学（遺伝と多様性の科学）	遺伝学（遺伝の科学）
variation	多様性（バリエーション）	変異（彷徨変異）
mutation	変異（突然変異）	突然変異
variant	多様体（バリアント）	変異体
mutant	変異体（突然変異体）	突然変異体
locus	座位	遺伝子座
allele	アレル（アリル，アリール）	対立遺伝子
genotype	遺伝型	遺伝子型

6.1.2 遺伝要因と環境要因

形質（trait）に影響を及ぼす要因には，遺伝要因と環境要因の二つがあり，それぞれの要因の影響度は形質ごとに異なる．たとえば，ウマの毛色では，遺伝要因の影響度がきわめて高い．一方，サラブレッド種の競走能力は，遺伝要因と環境要因の両方がかかわっていることから，遺伝情報のみによる競走能力の評価は困難である．

遺伝要因には一つあるいは少数の遺伝子によって支配される場合もあれば，多数の遺伝子がかかわっている場合もある．前者の場合は，それを原因遺伝子と呼ぶ．一方，後者の場合は感受性遺伝子あるいはポリジーン（poly gene）と呼び，疾患の易罹患性などに影響を及ぼす．なお，環境要因によってのみ支配される形質も存在し，その例としては，偶然の事故などがあげられる．

遺伝要因と環境要因以外に，時間要因が加わる場合がある．つまり，これは経年（加齢）によって影響されるものであり，毛色の一つである芦毛は経年にともなって白い毛の比率が増加する．

6.1.3 質的形質と量的形質

形質には，質的形質（qualitative trait）と量的形質（quantitative trait）の二つがある．ヒトのABO式血液型やウマの毛色のように，表現型（phenotype）が離散的であるものを質的形質という．一方，体高や体重のように，表現型が連続的であるものを量的形質という．質的形質は一つあるいは少数の原因遺伝子によって支配されることが多く，環境要因の影響は少ない．一方，量的形質は環境要因とともに多数の感受性遺伝子が関与し，このような感受性遺伝子を量的形質座位（quantitative trait locus：QTL）という．

質的形質と量的形質では表現型の分布様式に相違がみられるが，閾値理論を用いることによって両者を関連付けられる．たとえば，生化学検査項目では検査値（表現型）が連続量となって量的形質として捉えられる．一方，一定値（閾値）に達すると疾患が発症する場合には，疾患の発症の有無の視点で質的形質となる．このように，表現型が連続量であっても，閾値によって離散的に表すことのできるものを閾値形質（threshold trait）と呼ぶ．この概念は，多因子性の形質を考慮する場合に重要となる．

6.1.4 メンデルの法則

メンデル (Gregor Johann Mendel) の法則は，質的形質を考慮するうえで重要な概念であり，優性の法則，分離の法則および独立の法則からなる．優性の法則とは，対立形質に対して一方の形質のみが出現することをいう．ウマの毛色において，芦毛は栗毛や鹿毛などに対して優性形質となる．優性や劣性といった訳語から能力の優秀さが連想されがちであるが，これは間違いであり，表現型として表れる強さを意味している．分離の法則とは，配偶子が1対1の割合で出現することをいう．それぞれの配偶子をアレル (allele) といい，アレルの組み合わせを遺伝型 (genotype) という．そして，対になったアレルが同一の場合をホモ接合体 (homozygote)，異なる場合をヘテロ接合体 (heterozygote) という．独立の法則とは，2種以上の遺伝形質は互いに独立で関連していないことをいう．ただし，独立の法則は一般に，それぞれの座位が異なる染色体上にある場合にのみ成立する．

一方，これらの法則には例外が存在する．優性の法則の例外には，両親の表現型の中間傾向を示す不完全優性 (incomplete dominance)，両親の表現型をともに示す共優性 (co-dominance) がある．分離の法則の例外には，性染色体でみられる伴性遺伝がある．また，独立の法則の例外には連鎖 (linkage) があり，連鎖は，それぞれの座位 (locus) が同一の染色体上にある場合に生じる．この連鎖という概念は，連鎖地図の作製や同地図を利用した形質座位のマッピングなどの連鎖解析において重要である．

また，連鎖関係にある2座位間のランダムでない相関の状態を連鎖不平衡 (linkage disequilibrium：LD) と呼び，その尺度として r^2 が利用される．r^2 は0から1までの範囲を示し，両座位に組換えが生じない場合は $r^2=1$ となる．ウマでは品種の相違によって LD を保つ距離が極端に異なることはなく，おおむね100 kb までの間で急速に低下し，1〜2 Mb の範囲で連鎖平衡の状態となる．

6.1.5 遺伝率

遺伝率 (heritability：h^2) は，量的形質を考慮するうえで重要な概念であり，遺伝要因が関与する程度を表す尺度となる．遺伝率には広義の遺伝率と狭義の遺伝率があり，通常，動物の遺伝育種の分野においては狭義の遺伝率が用いられる．狭義の遺伝率は，表現型（表現型値）の全分散に対する相加的遺伝分散

（次世代に相加的に継承される遺伝要因の分散であり，子は両親から50%ずつそれぞれの相加的遺伝要因を受け継ぐ）の割合として定義される．遺伝率は0から1までの範囲をとり，1に近いほど遺伝要因がその形質の個体差に寄与する割合が高くなる．したがって，遺伝率が高い場合，遺伝的な改良を実施する際の効果が大きくなる．

　広義の遺伝率は表現型に対する遺伝要因の割合を示し，遺伝要因には遺伝子間の相互作用（エピスタシス）なども含まれる．ヒトの研究分野では，広義の遺伝率が使用されることが多い．遺伝率という語彙は同じでも，分野によって意味が異なる．

6.2 遺 伝 物 質

6.2.1 ゲ ノ ム

　ゲノム（genome）は遺伝情報の総体を示す言葉であり，遺伝子（gene）と集合体（-ome）から作られた造語である．ヒトと同様に，ウマの全ゲノム構造も解読されており，全長は約26億8900万の塩基対であると推測されている．この塩基対長は，ヒト（29億塩基対）やウシ（29億塩基対）より短く，イヌ（25億塩基対）より長い．ヒトでは約2万5000個の遺伝子が存在するとされており，ウマでは2万を超える遺伝子がアノテーションされ，EquCab2.0として公開されている．なお，ウマのゲノム解読には，トワイライト号（Twilight）と名づけられた雌馬のサラブレッド種が用いられた（図6.1）．

　ウマのゲノム中には多数の散在性反復配列が存在し，全体の約46%を占めている．これらの多くは，L1やL2として知られる長鎖散在性反復配列（long interspersed nuclear element：LINE），ERE1やERE2として知られる短鎖散在性反復配列（short interspersed nuclear element：SINE）である．また，ゲノム全

図6.1　トワイライト号（Twilight）（写真：コーネル大学のDoug Antczak博士提供）ゲノム解読研究に用いられたサラブレッド種であり，同馬の配列情報は，ウマのゲノムの標準配列として利用されている．

体の約 1% において分節的重複の痕跡がみられ，多くは他の哺乳類同様，同一の染色体で生じている．

6.2.2 染色体

家畜ウマの染色体は，62 本（31 対）の常染色体と 2 本（X および Y）の性染色体の計 64 本からなる．また，シマウマやロバなどのウマ属内の種は，それぞれ異なる染色体数をもつ（表 6.2）．

Y 染色体は雄のみに存在し，一般的に全塩基配列の約 2% を構成している．Y 染色体中には多数の繰り返し配列が存在することから，ウマでは詳細な塩基配列は明らかにされていない．生物種ごとに異なるが，偽常染色体領域（pseudo-autosomal region：PAR）と呼ばれる部位には，複数の遺伝子が存在する．ヒトでは 86 個の遺伝子が存在し，ウマでは少なくとも 37 個が確認されている．37 個の遺伝子中の 20 個は X 染色体上にも存在し，残り 17 個は Y 染色体に特有な遺伝子である．

SRY 遺伝子は，精巣の発達にかかわる機能を有する Y 染色体特有の遺伝子である．このため，SRY 遺伝子は，ウマを含めた様々な生物種において性別判定に利用されている．

6.2.3 ミトコンドリア・ゲノム

ミトコンドリアは細胞内の小器官であり，ATP 産生によって細胞内エネルギー代謝を担う必須器官である．ミトコンドリア内には，ミトコンドリア・ゲ

表 6.2 ウマ属内の種と染色体数

亜属名	種名	種名（英語）	染色体数 (2n)
ウマ亜属	モウコノウマ ウマ（家畜）	E. ferus przewalskii E. ferus caballus (or E. caballus)	66 64
アフリカノロバ亜属	ソマリノロバ ロバ（家畜）	E. africanus somaliensis E. africanus asinus	62～64 62
アジアノロバ亜属	オナガー クーラン キャン	E. hemionus onager E. hemionuc kulan E. kiang	55, 56 54, 55 51, 52
グレビーシマウマ亜属	グレビーシマウマ	E. grevyi	46
シマウマ亜属	サバンナシマウマ ハートマンヤマシマウマ	E. quagga burchellii E. zebra hartmannae	44 32

ノム（あるいはミトコンドリア DNA）と呼ばれ，約 17 kb からなる環状 DNA 配列が存在する．受精時に卵子由来のミトコンドリアのみ次世代に継承されることから，ミトコンドリア・ゲノムは母性遺伝を示す．

ミトコンドリア・ゲノム中には，37 個の遺伝子をコードする領域（13 個の遺伝子，2 個のリボソーム RNA および 22 個の tRNA）と，D ループと呼ばれる非遺伝子コード領域がある．D ループは遺伝子をコードしていないことから，塩基置換率が高く，種間や品種間，個体間の系統関係を明らかにするための分子時計として利用される．

6.3 ゲノム・遺伝解析ツール

6.3.1 遺伝地図と連鎖解析

ヒトやウマなどの様々な生物種では，短鎖縦列反復配列（short tandem repeat：STR）あるいはマイクロサテライト DNA と呼ばれる 2〜5 塩基を単位とする反復配列が，ゲノム全体にわたって存在する．STR は繰り返し回数の相違が別個のアレルとなることから，SNP（一塩基多型）と比較してアレル数が多く多様性に富む．このため，STR は連鎖地図の作製や後述する親子判定に利用される．

連鎖地図は組換え率（recombination fraction）を遺伝距離（genetic distance）とし，STR 間の遺伝的な関係を相対的に視覚化したものである．一度の減数分裂で組換えが生じる遺伝距離は 1 M（モルガン）と定義され，100 回に一度組換えが起こる距離を 1 cM（センチ・モルガン）という．ウマでは，半きょうだい家系（766 マーカー，31 連鎖群，全長 3740 cM）と全きょうだい家系（745 マーカー，32 連鎖群，全長 2772 cM）を用いて作製した二つの連鎖地図がある．

連鎖地図は，単一の遺伝子によって支配される形質の原因遺伝子を同定するために利用されている．芦毛の原因遺伝子となる座位の同定には，この地図を用いた連鎖解析が実施されている．

6.3.2 一塩基多型（SNP）

SNP とは，突然変異によって T（チミン）が C（シトシン）に塩基置換

するなどし，その後，集団中においてマイナーアレル頻度（minor allele frequency：MAF）が1％を超えたものをいう．ウマでは，ゲノム解読によって110万を超えるSNPが同定され，様々な品種のリシーケンス解析によって少なくとも500万を超えるSNPが確認されている．

SNPは，エクソンやイントロン，非翻訳領域などの遺伝子領域や，それ以外の遺伝子間領域など，ゲノム上のあらゆる部位に存在する．エクソン中のSNPは非同義置換の場合，翻訳に影響を及ぼすことから，タンパク質の機能に質的な変化をもたらすことがある．一方，イントロン中やプロモーター領域などのSNPは，遺伝子の転写に影響を及ぼすことがあり，タンパク質の機能に量的な変化をもたらすことがある．SNPの有無や遺伝型の相違は，個体や品種固有の特徴（表現型）として表れる．SNP以外にも，挿入・欠失（insertion/deletion：INDEL）や遺伝子の重複，また，エピジェネティック（DNA配列の相違によらない遺伝子発現を変更するシステム）な影響もあいまって様々な表現型が表れ，同一種であっても個体間に多様性が生じる．

ウマでは，約7万個（図6.2）あるいは67万個のSNPの遺伝型を同時に解析できるSNPチップを利用できる．SNPチップを用いて，ケース（症例）群とコントロール（対照）群の群間における遺伝型の頻度を比較するゲノムワイド関連解析（genome-wide association study：GWAS）により，様々な遺伝性の形質の原因遺伝子や感受性遺伝子が同定されている．

図6.2　SNPチップのイメージ（画像：イルミナ社提供）
チップの大きさはスライドグラス程度であり，約7万個のSNPを12頭分解析した．

6.4　毛色の遺伝

6.4.1　ウマの毛色

ウマの代表的な毛色としては，栗毛系（栗毛，栃栗毛），鹿毛系（鹿毛，黒鹿毛，青鹿毛），青毛，芦毛および白毛があげられる．これらに，日本在来馬の佐目

6.4 毛色の遺伝

表 6.3 毛色の原因遺伝子と遺伝様式

原因遺伝子	座位	毛色への効果	座位シンボル	アレル	多型	表現型モデル
ASIP	Agouti	着色（ユーメラニン）	A	A	野生型	優性
				a	ミスセンス	劣性
MC1R	Extension	着色（ユーメラニンとフェオメラニン）	E	E	野生型	優性
				e	ミスセンス	劣性
SLC45A2	Cream Dilution	希釈（フェオメラニン）	CR	cr	野生型	劣性
				CR	ミスセンス	不完全優性
SLC36A1	Champagne Dilution	希釈（ユーメラニンとフェオメラニン）	CH	ch	野生型	劣性
				CH	ミスセンス	不完全優性
PMEL17	Silver Dilution	希釈（ユーメラニン）	Z	z	野生型	劣性
				Z	ミスセンス	不完全優性
STX17	Gray	経年によって白い毛に移行	G	g	野生型	劣性
				G	重複（イントロン）	優性
KIT	Dominant White	白毛（または部分的な白毛）	W	w	野生型	劣性
				W1〜W17	種々*1	不完全優性
KIT	Roan	ローン（白毛の混毛）	RN	rn	野生型	劣性
				RN	?	不完全優性
KIT	Sabino1	白毛（または部分的な白毛）	SB1	sb1	野生型	劣性
				SB1	スプライス異常	不完全優性
KIT	Tobiano	部分的な白毛	TO	to	野生型	劣性
				TO	染色体逆位	優性
EDNRB	Frame Overo	部分的な白毛	O	o	野生型	劣性
				O	ミスセンス	不完全優性
MITF	Splashed White	部分的な白毛	MITF	MITF+	野生型	劣性
				MITF-prom1	挿入	優性
				MITF-C280Sfs*20	欠失	優性
				MITF-N310S	ミスセンス	優性
PAX3	Splashed White	部分的な白毛	PAX3	PAX3+	野生型	劣性
				PAX3-C70Y	ミスセンス	優性
TRPM1	Appaloosa	部分的な白毛	LP	lp	野生型	劣性
				LP	?	不完全優性
TBX3	Dun	希釈，鰻線，縞模様（脚部）	D	D	野生型	優性
				d1	多型*2	劣性
				d2	欠失*2	劣性

*1：アレルは W1〜W17 と複数あり，アレルごとにミスセンスやスプライス異常などは異なる．
*2：TBX3 遺伝子の下流域にある多型および欠失である．

毛, 月毛, 河原毛などが加わる. さらに, 海外の品種にはシルバーダッフルや斑なども観察される. これらの毛色の原因遺伝子は, 表6.3に示すとおりであり, 遺伝検査によって毛色を予測できる. 原因遺伝子が同定される以前は, 座位 (locus) や座位シンボル (locus symbol) が使用されており, これらは表6.3に示した.

6.4.2 栗毛・鹿毛・青毛

栗毛・鹿毛・青毛には, *MC1R* 遺伝子および *ASIP* 遺伝子の多型がかかわっている. MSHが受容体であるMC1Rに結合することによって細胞内でcAMPが合成され, cAMPの増加はユーメラニンの産生を促進させる. ユーメラニンが増加すると, 毛色は黒みがかった鹿毛となる. ASIPはMSHのMC1Rへの結合を競合阻害するが, ASIPが変異型である場合にはMSHによる刺激が増し, ユーメラニンが過剰に産生されて全身が黒い青毛となる. 一方, MC1Rが変異型である場合には, MSHの刺激が伝達されないためにcAMPは増加せず, フェオメラニンの産生が促進されて栗毛になる.

毛色の表現型には遺伝型の組合せの考慮が重要であり, 詳細を表6.4に示した.

6.4.3 芦　　毛

芦毛には*STX17*遺伝子がかかわり, この遺伝子の第6イントロンに重複(4.6

表6.4　毛色と遺伝型との関係

毛色	毛色（英語表記）	*Extension*[*3]	*Agouti*[*4]	*Cream Dilution*[*5]
佐目毛[*1]	Cremello, Perlino, Smoky Cream	-/-	-/-	CR/CR
月毛	Palomino	e/e	-/-	C/CR
河原毛[*2]	Buckskin	E/-	A/-	C/CR
河原毛[*2]	Smoky Black	E/-	a/a	C/CR
栗毛	Chestnut	e/e	-/-	C/C
鹿毛	Bay	E/-	A/-	C/C
青毛	Black	E/-	a/a	C/C

[*1]: Cremello, Perlino, Smoky Cream といった区別があるが, 日本語では明確に区別されない.
[*2]: Buckskin および Smoky Black といった区別があるが, 日本語では明確に区別されない.
[*3]: *MC1R* 遺伝子.
[*4]: *ASIP* 遺伝子.
[*5]: *SLC45A2* 遺伝子.

kb) が生じることで芦毛となる．G/G 型と G/g 型で芦毛となり，G/G 型は G/g 型に比較して若齢で芦毛になる．芦毛の個体は，加齢にともなってメラノーマを発症することがある．とくに G/G 型は G/g 型に比較して発症しやすく，原毛色が青毛の場合は重症化の傾向が認められる．

6.4.4　その他の毛色の遺伝

　上記以外にも多数の毛色が知られており，原因となる遺伝子が同定されている（表 6.3）．白毛は，3 番染色体上にある *KIT* 遺伝子の変異によって生じる．白毛の場合，品種や家系の相違により，*KIT* 遺伝子中の変異の場所や種類が異なる．

　斑模様となるペイント（あるいはピント）には，斑模様の相違によってトビアノとフレームオベロの二つがある．トビアノには *KIT* 遺伝子，フレームオベロには *EDNRB* 遺伝子が関与している．*EDNRB* 遺伝子の変異型をホモ接合でもつ個体は，致死となる．

　総称として希釈（dilution）遺伝子と呼ばれるものがあり，これらはユーメラニンやフェオメラニンを希釈するように表れる（不完全優性）．原因遺伝子としては，*SLC45A2* 遺伝子（クリーム様希釈），*SLC36A1* 遺伝子（シャンパン様希釈）および *PMEL17* 遺伝子（シルバー様希釈）があげられる（表 6.3）．日本在来馬で見られる佐目毛，月毛および河原毛は，クリーム様希釈遺伝子の影響によって現れる（表 6.4）．

6.5　親子判定・個体識別

　サラブレッド種では，STR を用いた遺伝検査によって血統が厳格に管理されている．国際動物遺伝学会（ISAG）は，12 個の STR（*AHT4, AHT5, ASB2, ASB17, ASB23, HMS2, HMS3, HMS6, HMS7, HTG4, HTG10* および *VHL20*）を標準パネルとして定め，これらを含めて父権否定率を 0.9995 以上となるように，任意の STR を追加して親子判定に用いることを推奨している．日本（競走馬理化学研究所）においては，上記の標準パネルに 6 個の STR を追加してサラブレッド種の血統登録検査を実施している．

　親子関係を否定する場合には，2 個以上の STR で親子の矛盾を証明するこ

とが求められる．1個のみの矛盾の場合，追加の STR（補完パネル）を利用する確認検査が必要であり，補完パネルとして 15 個の STR からなる TKY パネル（通称：東京パネル）の利用が推奨されている．

6.6 遺伝性疾患

品種の作出や改良は，少数の創始個体を用いて閉鎖集団内で実施されることから遺伝的な選抜が生じ，これが個々の品種や個体の特徴として表れる．負の印象はあるが，遺伝性疾患もその一つである．疾患の発症には環境要因も影響を及ぼすが，ウマでは少数の遺伝子が原因となっていることが多い（表 6.5）．

クォーターホースの遺伝性疾患に関する研究は進んでおり，高カリウム性周期性四肢麻痺（HYPP），ポリサッカライド蓄積ミオパシー（PSSM），悪性高熱症（MH），グリコーゲン分岐酵素欠損症（GBED）および馬遺伝性局所性皮膚無力症（HERDA）の原因遺伝子が同定されている．これらの疾患の遺伝検査は，繁殖や生産管理に有効利用されている．

表 6.5 疾患の原因遺伝子と遺伝様式

原因遺伝子	座位	疾患名	表現型モデル	対象品種
EDNRB	OLWFS	Overo lethal white foal syndrome	劣性	フレームオベロ（毛色）の個体
GBE1	GBED	Glycogen branching enzyme deficiency	劣性	クォーターホースと関連品種
GYS1	PSSM1	Polysaccharide storage myopathy	優性	クォーターホースと関連品種
LAMA3	JEB-LAMA3	Junction epidermolysis bullosa	劣性	サドルブレッド
LAMC2	JEB-LAMC2	Junction epidermolysis bullosa	劣性	ベルギー重種と関連品種
MYO5A	LFS	Lavender foal syndrome	劣性	アラブと関連品種
PPIB	HERDA	Hereditary equine regional dermal asthenia	劣性	クォーターホースと関連品種
PRKDC	SCID	Severe combined immunodeficiency	劣性	アラブと関連品種
RYR1	MH	Malignant hyperthermia	優性	クォーターホースとペイントホース
SCN4A	HYPP	Hyperkalaemic periodic paralysis	優性	クォーターホースと関連品種
SLC5A3	FIS	Foal immunodeficiency syndrome	劣性	フェルポニー
TOE1	CA	Cerebellar abiotrophy	劣性	アラブ
TRPM1	CSNB	Congenital stationary night blindness	劣性	アパルーサの個体

6.7 その他の形質の遺伝

6.7.1 競走能力
　サラブレッド種は，品種成立の過程において競走成績による育種選抜が繰り返されてきた．そのため，生涯獲得賞金額や競走タイム，距離適性などを量的遺伝形質として捉え，これらにかかわる原因遺伝子や感受性遺伝子の同定が試みられている．距離適性には，筋量を抑制する *MSTN* 遺伝子がかかわり，遺伝型によって短距離，中距離および長距離の適性傾向がわかる．

　近代競馬が始まった1700年頃は，3000 m 以上の長距離が主要な競走距離であったため，長距離に適性を示す個体が多数存在した．近年になると1000 m などの短距離競走が増加し，全体では 1000〜3000 m 程度と幅広い競走体系となっている．これに適合するように，遺伝型の頻度も変化していった．

6.7.2 体　　高
　ウマの体高（き甲までの高さ）は量的遺伝形質であり，*LCORL* 遺伝子，*HMGA2* 遺伝子，*ZFAT* 遺伝子および *LASP1* 遺伝子がかかわっている．品種によってはこれらの遺伝子のみで，体高変化の 83% の分散を示す．

6.7.3 歩　　様
　ウマの歩様は，対角線上の肢を交互に動かす斜対歩が一般的である．しかし，アイスランドホースや北海道和種馬のように，同側の肢を同時に同方向に動かす側対歩を示す個体が存在する．*DMRT3* 遺伝子にナンセンス変異をもつ個体が存在し，野生型のホモ接合体およびヘテロ接合体では斜対歩となり，変異型のホモ接合体で側対歩となる．　　　　　　　　　　　　〔戸崎晃明〕

参 考 文 献

Andersson, L. S. et al. (2012)：Mutations in DMRT3 affect locomotion in horses and spinal circuit function in mice. *Nature*, **488**：642-646.
Benirschke, K., Ryder, O. A. (1985)：Genetic aspects of equids with particular reference to their hybrids. *Equine Veterinary Journal* (Supplement **3**)：1-10.
Bowling, A. T., Millon, L. (1988)：Centric fission in the karyotype of a mother-daughter

pair of donkeys (*Equus asinus*). *Cytogenetics and Cell Genetics*, **47** : 152-154.
Houck, M. L. et al. (1998) : Chromosomal rearrangements in a Somali wild ass pedigree, *Equus africanus somaliensis* (Perissodactyla, Equidae). *Cytogenetics and Cell Genetics*, **80** : 117-122.
Paria, N. et al. (2011) : A gene catalogue of the euchromatic male-specific region of the horse Y chromosome : comparison with human and other mammals. *PLoS One*, **6** : e21374.
Penedo, M. C. et al. (2005) : International equine gene mapping workshop report: a comprehensive linkage map constructed with data from new markers and by merging four mapping resources. *Cytogenetic and Genome Research*, **111** : 5-15.
Ryder, O. A. et al. (1978) : Chromosome banding studies of the Equidae. *Cytogenetics and Cell Genetics*, **20** : 323-350.
Ryder, O. A., Chemnick, L. G. (1990) : Chromosomal and molecular evolution in Asiatic wild asses. *Genetica*, **83** : 67-72.
Swinburne, J. E. et al. (2006) : Single linkage group per chromosome genetic linkage map for the horse, based on two three-generation, full-sibling, crossbred horse reference families. *Genomics*, **87** : 1-29.
Tozaki, T. et al. (2001) : Population study and validation of paternity testing for Thoroughbred horses by 15 microsatellite loci. *The Journal of Veterinary Medical Science*, **63** : 1191-1197.
Tozaki, T. et al. (2012) : A cohort study of racing performance in Japanese Thoroughbred racehorses using genome information on ECA18. *Animal Genetics*, **43**(1) : 42-52.
Wade, C. M. et al. (2009) : Genome sequence, comparative analysis, and population genetics of the domestic horse. *Science*, **326** : 865-867.
Xu, X., Arnason, U. (1994) : The complete mitochondrial DNA sequence of the horse, *Equus caballus* : extensive heteroplasmy of the control region. *Gene*, **148** : 357-362.

7. ウマの疾病と衛生対策

7.1 ウマの衛生対策

7.1.1 飼養法

ウマを飼うには時間と費用がかかる．ウマには運動が必要であり，長期に繋留してはいけない．必要なことは，①購入費・パドックや厩舎・飼料，②手綱・鞍・鞍毛布，③手入用ブラシ・飼料桶と水桶等，④乗馬用の服・靴・ヘルメット等，防水被服，⑤保管倉庫等，⑥衛生費用（装蹄費，獣医師の診察費：咳や風邪・寄生虫の予防，歯科，ワクチン接種など）があげられる．

ウマは，①摂食のための歯，②食餌発酵するための結腸，③呼吸のための気道，④運動のための蹄があり，歯科，飼料・糞，上気道や蹄の定期検査・品質検査は重要である．ウマの歯は生後約6年まで変化するので，この時期なら年齢はわかるし，それ以降は推定可能である．歯は残った歯数や歯列などを年2回，検査と乳歯の晩期残存治療や不整歯列の均等研磨などを行う．

新鮮水と良質の生草が枯渇すると，栄養失調や体調が急速に低下するので，1日に少量を数回，良質の乾草等や濃厚飼料を与える．ウマでの食餌の消化器通過時間として，通常の食物は胃で2〜4時間，盲腸・結腸で18〜24時間，ミネラルオイルや流動パラフィン等の液状のものは投与後12時間程度で肛門から排出されるし，術後には1日絶食することで腹痛（疝痛）を予防できる．

1日の糞は通常8〜10回の計15〜20 kg，糞色は帯茶黄色〜深緑色．便秘では便が硬く少量や完全停止し疝痛を起こす．疝痛には，便秘，腸の破裂や捻転，腹膜炎，膀胱結石など，多くの原因がある．一般診療で遭遇する疝痛は骨盤曲の食帯・便秘であり，その内訳は痙攣疝72%，種々の食帯9.5%，手術関連疝痛7%，風気疝5.5%，骨盤曲の食帯5%，大腸炎1%の報告がある．

ウマの1日に必要な運動量は朝夕20分×2回程度である．運動後は流水で汗や汚れた体，眼・蹄等を洗い流し，清潔に保つ．十分に運動するには，20a以上の広さをもつ放牧場が必要である．

競馬用馬等は毎日手入するが，もっとも大事なことは蹄の観察である．馬蹄は偶蹄の牛蹄とは異なり，前後には強いが左右のバランスには弱い特徴がある．蹄葉部疾患である蹄葉炎では，慢性化すると蹄骨前面が結果的に剥離し，後方の牽引が強くなるので蹄骨が沈下する．よって蹄叉や蹄底の乾燥と健康を維持するには，蹄の裏掘りが重要となる．もしウマが湿った所や糞・堆肥等で汚れた厩舎にいるのなら，毎日蹄をきれいにすべきである．

7.1.2 衛生対策

ウマの衛生対策としては，寄生虫対策や予防注射および環境整備等が考えられるが，大切なことはウマの特徴や特殊性を知ることであろう．

ウマの感染症には強い伝染力や致死性を示す法定および届出伝染病から，鼻炎や肺炎などの単発性・自発性感染症がある．それらの疾患に対して，日本では日本脳炎・馬インフルエンザ・破傷風の3疾患（諸外国では日本脳炎のかわりに腺疫など）のワクチンがあり，これらの接種で予防できる．ウマは破傷風に高感受性で治療効果も低く致死性が高いので，ワクチン効果は大きい．ウマの衛生対策として，行政機関が行う疾病予防例がある．馬術競技会等のためにウマの飼養や移動する場合には，家畜伝染病予防法（昭和26年法律第166号）に基づき，家畜の伝染性疾病発生の予防措置を講ずる必要がある．

7.2 ウマの疾病

7.2.1 臨床検査と病性鑑定

臨床検査は疾患ウマを診断し治療方針を立てるのに必要であり，一般臨床検査・血液検査・画像診断（X線・超音波・内視鏡・関節鏡・X線CT・MRI・核医学など）・生検・ドーピング検査などがある．病性鑑定は，伝染病の防疫対策を立てるのに必要な検査であり，微生物の分離培養検査や抗体検査，病理学的検査，DNA検査などがある．

稟告と観察：病気の原因を知るため，異常の状況と開始時期，給餌管理，患

馬の既往歴と他のウマでの異常の有無などを調べる．異常行動としては食欲低下，元気消沈，不定期な排便，発咳，下痢，跛行などがある．フレーメンは異常でなく嗅覚に関連した動作である．

異常所見はウマの動作や位置関係は異常を知る上で重要である．重度の疾患ウマは倦怠感をもち，頭部や耳の下垂，蹄の交互踏みかえなどで休憩する．動作が堅く静かなのは軽度の疝痛の徴候かもしれない．ウマの嘔吐はまれである．吐物が鼻腔を通って突出する場合は，胃破裂の可能性がある．食道梗塞や窒息の場合には吐物はなく，努力性悪心と多量の流涎がみられる．ウマは鼻呼吸しかできないので，大量の流涎は窒息か呼吸器疾患の重要な徴候となる．

慢性または急性の頑固な胸部疾患や重度の呼吸困難，破傷風，震戦などでは横臥を嫌う．頭頸部伸展は，窒息，重症の咽喉感染，頸部膿瘍，破傷風，リウマチ，関節炎の徴候．頭頸部の下垂は，元気消沈や頸部損傷後の頸部筋肉の麻痺．歩様の不安定性は，虚弱あるいは脳の感染症の徴候．犬座姿勢は便秘疝かガス充満胃．硬縮・伸展した肢勢は，破傷風，高窒素尿症，脊髄性虚弱，骨折か脊椎・骨盤の損傷の徴候．頻繁なあくびは疼痛の徴候などとなる．

成馬の正常直腸温は 37.5～38.5℃であるが，妊娠，出産，授乳中，若い動物，摂食，各種疾病などでは高くなる可能性がある．

ウマの不安症状は，非常に深刻な疼痛性状態の徴候である．慢性疾患では被毛が乾燥し毛艶が悪くなることが多い．脱水症では皮膚の弾力性が消失する．過度の発汗は，疼痛や労働および興奮などにより生じることがある．

7.2.2 疾病概要

ウマの二次診療総合病院には，外科（整形・消化器・呼吸器）・内科・臨床繁殖科・幼駒科・眼科・耳鼻咽喉科・皮膚科などの診療科がある．ウマの開腹手術の特徴として，高コストと術後管理などの手間が必要，夜間～深夜での緊急例が多い，全身状態の悪化にともなう様々なリスクがある，困難な麻酔環境にあるなどがあげられる．近年，術後の早期競走復帰を目的にウマの開腹手術においても，腹腔鏡手術が試みられている．適応症としては，子宮体の癒着・盲腸の癒着・空腸手術後の腹膜炎/癒着・腹腔内膿瘍，両側の腎臓の生検，十二指腸狭窄，横隔膜ヘルニア，潜在精巣摘出術，卵巣腫瘍摘出術，膀胱結石摘出術，鼠径ヘルニア閉鎖術，卵巣摘出術，去勢術などである（以上，社台ホー

スクリニック，田上正明氏の報告より）．日本はサラブレッド種に特化した競走馬の飼養がほとんどであるが，競技用乗馬や使役馬，動物セラピー用馬，愛玩用馬，展示用馬などもあり，乗馬人口は増加傾向にある．

以下，ウマの疾病を器官系統別に分類して概説する．

7.2.3　循環器疾患

ウマの循環器疾患として先天性心疾患・心不全・弁膜・心筋・心膜・心腫瘍・心肺性高血圧，不整脈，ブロック・心房細動・期外収縮などの心臓疾患や血管疾患およびショックなどがある．症状は，呼吸困難，心雑音，チアノーゼ，全身の鬱血，静脈の怒張，頸静脈拍動，心拍の不整や結滞，異常呼吸，失神などを呈する．確定診断にはエコーや心電図などが有用である．

a.　先天性心疾患

胎子期の発生異常に起因する心臓の形態異常により血行動態異常（シャント）が生じる．病態の進行にともない血行動態が左→右シャントから右→左シャントに移行する疾患には，心房中隔欠損 ASD（卵円孔開存・欠損），心室中隔欠損 VSD，動脈管開存 PDA がある．右→左シャント例にはファロー四徴 TOF（VSD・肺動脈狭窄 PS・大動脈の右方騎乗・右心室肥大）がある．

b.　心不全

心機能不全のことであり，心筋収縮低下や発熱または中毒性疾患などにより，全身循環不全や心拍出量低下に陥る．急性例の致死率は高い．種牡馬のアグネスタキオンは心不全により突然死した．

c.　心内膜炎・心筋炎

心内膜炎は微生物が弁膜・腱索・肉柱等の心内膜に付着感染し，炎症性変化を呈した疾病である．起因菌として，連鎖球菌・大腸菌・緑膿菌・放線菌などの報告がある．本症は，細菌や寄生虫感染などの二次的変化によるものが多いことから早期の発見は困難である．心筋炎は，病原微生物感染に継発する心筋の炎症性変性である．心不全と同じで早期の感染症予防と治療が肝要である．

d.　不整脈

心機能異常である不整脈は，様々な分類法により，房室ブロック・洞房ブロック・洞性不整脈・発作性頻脈・期外収縮・心房細動などに区分される．心疾患，敗血症，疝痛などにおいて発症し，心拍出量の著明な減少と，チアノーゼ，失

神などがみられる．診断には心電図検査が必須であり，治療は症例に適した各種抗不整脈薬（硫酸キニジンなど）が使用される．

e. 血管疾病・ショック

血管疾患として，寄生虫性動脈瘤や特発性動脈破裂（種牡馬）がある．動脈瘤では栓塞による疝痛や跛行が著明．ショックは全身的に急激な末梢循環障害（血圧低下・皮膚蒼白・皮温低下・失神・虚脱など）を示す重篤な状態である．ウマでは低血流性ショックとエンドトキシンショックが多い．

低血流性ショックは，出血や外傷によって生じたショックである．動物では失血侵襲に対する初期の生理的反応として重要臓器に血液が集中するので，重要臓器への血液供給や血圧維持は，全血の1/3の失血でも耐えられる．しかし適切な処置をしないと血液の再分散により，心拍出量の急激な減少・血液循環不全・組織の酸欠や代謝障害・貧血・低タンパク血症・多臓器不全へと移行する．

エンドトキシンショックは，重度の敗血症や消化器疾患にともない，グラム陰性菌由来のエンドトキシンが血管内皮を損傷し，血小板が大量に消費され，播種性血管内凝固（DIC）を誘導することで生じる甚急性疾患である．病態が進行すると，血小板減少のため血液凝固不全を起こしたり，循環不全による機能障害で生命の危機に陥る．ステロイドや輸液のほか，抗生物質の緩徐投与，DIC対策としてヘパリン療法などが奏効する例もある．

7.2.4 呼吸器疾患

ウマの呼吸器疾患には一般的な鼻炎，肺炎，気管支炎，蓄膿などのほかに，喉鳴り，喉嚢炎，輸送性肺炎，運動後の肺出血などがある．ウマは開口呼吸ができないので，鼻腔や喉の疾病はウマの運動能力を著しく低下させる．

a. 蓄膿

鼻炎では症状が長引くと，副鼻腔内に鼻汁が貯留し蓄膿症になりやすい．鼻骨骨折の二次的細菌感染でも慢性的な副鼻腔炎を発症し，顔面の外傷性腫脹，鼻出血，皮下気腫などを呈する．蓄膿症では，片側性の膿貯留や付属の下顎リンパ節の腫大例が多く，持続的または間欠的に膿排出する（図7.1）．歯牙疾患に継発する例には抜歯や円鋸術などの長期治療が必要である．内視鏡による病巣の検査や洗浄および抗生物質投与，蒸気吸入治療（ネブライジング）を行う．

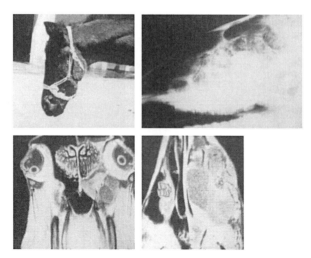

図 7.1 蓄膿症例
左上：左鼻腔からの膿排泄と鼻梁の腫大．右上：側方向 X 線写真．副鼻腔の X 線透過性の低下．左下：同 MRI-T1WI 横断像．眼窩下の副鼻腔内の液体貯留．右下：同 MRI-T1WI 水平断像．副鼻腔内の液体貯留．

b. 鼻出血・鼻血

ウマの鼻出血は，部位により，①鼻粘膜からの出血，②喉嚢からの出血，③運動性誘発性肺出血（EIPH）の三つに分類される．競走中の鼻出血は，EIPH がほとんどであり，激しい運動による肺の振動と胸腔内滑走，過呼吸，肺高血圧，脆弱な肺動脈の細血管の破綻などが原因である．大量に肺出血すると気道閉塞するので競走に及ぼす影響はきわめて大きい．止血剤，抗生物質，利尿剤，副交感神経薬などが使用される．

c. 喘鳴症

喘鳴は，動物が呼吸時にみせる異常呼吸音を発する症状のことである．ウマでの喘鳴症は吸気時に多く，その原因は，反回神経の麻痺または呼吸器の感染症による気道狭窄が考えられる．反回神経は，披裂軟骨を外側に開く筋肉を支配する神経である．安静時の内視鏡検査によって診断する（図7.2）．治療では声嚢摘出術，喉頭形成術，披裂軟骨切除術および喉頭部の神

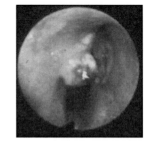

図7.2 ウマの喘鳴症の声門内視鏡所見（鹿児島大学田代哲之教授提供）［口絵参照］
披裂軟骨に腫瘤．運動負荷で披裂軟骨の倒れこむ．

経再植法などがある．

d. 喉嚢炎

喉嚢（耳管憩室）は奇蹄目動物に特有な器官で，咽喉頭部の炎症がここへ波及すると喉嚢真菌症，喉嚢蓄膿症などになる．重症例では呼吸困難や嚥下困難，食餌や飲水の鼻孔からの逆流，耳下腺炎，致命的な鼻孔からの大量出血などを招くことがある．内視鏡検査により動脈破綻の確認と真菌の同定で確定診断する．ヨード剤や抗真菌剤により治療するが，外科手術による破綻動脈の閉塞が必要な場合もある．本症はオグリキャップで有名になった．

e. 風邪・肺炎・気管支炎・胸膜炎

風邪は初期治療と十分な休養で回復するが，肺炎，気管支炎，胸膜炎などに移行することもあるので注意が必要である．気管支炎は，風邪症状のほかに気管内痰の付着，吸気時の異常音聴取，内視鏡検査による気管支内の観察などで診断できる．鼻汁や気管洗浄液の細胞診などが有用である．

肺炎にも急性と慢性があり，一般にTPRの上昇，発咳，鼻漏を呈する．1～2日の治療が大切であり，2～3日で快方に向かうが，致命的な経過をたどる重症例もある．

胸膜炎は，胸腔内で肺を被覆する胸膜の炎症であり，肺炎に続発することが多い．胸部穿孔や肋骨骨折等の外傷性刺激，輸送後に多くみられる．腹式呼吸，胸部の疼痛，前胸部等の浮腫などが認められる．

f. 水胸・気胸・血胸

漏出液や滲出液などの胸水が胸腔内に貯留したのが水胸，空気貯留は気胸，血液貯留は血胸，膿貯留は膿胸，リンパ液貯留を乳糜胸と呼ぶ．

水胸は，鬱血性心不全，低タンパク血症，腎不全，慢性肺気腫などにより発症する．水胸・血胸では腹側の肺の機能が失われ，様々な呼吸困難を呈する．肺出血や胸壁の外傷が原因．初期の止血と出血の原因除去，慢性例では胸腔穿刺・吸引等で漿液を除去する．

気胸は，肺損傷や胸壁穿孔などで空気が胸腔内に貯留した状態であり，胸腔内陰圧を維持できなくなり，肺胞が膨らまない．呼吸困難から死亡する例もあるので緊急処置が必要である．原因の除去と脱気および酸素吸入が治療の基本である．安定した全身状態で二次感染もなければ自然に快方に向かい数週間で治癒する．

7.2.5 消化器疾患

ウマは後腸発酵動物であり，巨大な消化管である結腸をもち，疝痛などのトラブルも多い．疝痛には，腸炎，下痢，腸結石，便秘，破裂，腸重積，腸捻転，腹膜炎，膀胱結石などの多くの原因がある．一般診療では骨盤曲の食帯や便秘疝に多く遭遇する．

a. 疝 痛

腹痛のことで急性腹症の範疇になることが多く，過食疝，便秘疝，痙攣疝，風気疝，変位疝，血栓疝，寄生疝，産後疝痛などに分類される．疝痛の主症状は，前掻き・発汗・排尿姿勢・伏臥・犬座姿勢・振戦・苦悶などである．変位疝は，重度のアシドーシスやミネラル不均衡，脱水症を呈し，治療が遅れると腸破裂などによる死亡率は高い．疝痛の誘因として，ウマは，①嘔吐が困難，②胃サイズ割合が小さい，③腸蠕動が大きく解剖学的に腸管内容物が停滞しやすいが，腸管の末梢神経は鋭敏である，④前腸間膜根部の寄生虫性動脈瘤形成，⑤激しい運動による腸の移動や変位などが考えられている．

多発する骨盤曲の食滞や便秘疝に対する処置法として，①食滞解消まで環境中から飼料を除去する，②自由飲水の確保がある（図7.3）．疼痛管理，疝痛の第1選択薬は，結腸運動の阻害作用が最小である疼痛緩和剤 NSAIDs（フルニキシンメグルミン）である．蠕動亢進剤は使用せず腸運動は自然に任せる．ほか，腸潤滑油による食滞軟化などがあげられる．

痙攣疝は，冷水の大量飲水，冬期における発汗後の寒風急冷にさらされるなど馬体が冷え，腸が痙攣する疝痛である．

血栓疝は，前腸間膜動脈根に発生する寄生虫性動脈瘤のために血行障害が生

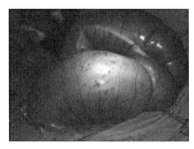 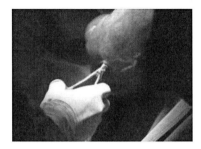

図7.3 結腸の便秘疝の開腹術例［口絵参照］
左：結腸の気腸．右：結腸を切開し内容を除去・洗浄．

じる疝痛である.

風気疝は, 運動不足, さく癖, 呑気, 変敗飼料, 発酵食の過食, 便秘疝や変位疝の継発症などが原因で腸内にガスが貯留した疝痛である. 右けん部が膨大しリンゴ状の後望を呈する. ウマはゲップができないので, 呑気した空気は胃腸に貯留し風気疝の原因となる. さく癖馬は上顎歯で馬栓棒などを咥え, それを支点として呑気する (4.1.6項参照). 馬栓棒やチェーンに回転するパイプやカバーなどを付けたりすると支点になりにくいので, 治療効果がある.

出生直後の牡子馬の疝痛として, ①胎便停滞, ②腸閉塞 (臍・鼠径・陰嚢・横隔膜等のヘルニアか小腸陥入), ③先天異常 (結腸の先天性閉塞症等) などが考慮される.

腎脾エントラップメント (RE, または nephrosplenic entrapment : NSE) は, 幼駒において, 大結腸 (左腹・背側結腸を中心に) が左腎と脾臓の間に位置する腎脾間膜の背側に入り込み, 通過障害を起こし疝痛を起こす疾患である. 最重要所見は, ①左側背側の1/4を占める腎脾空隙に向って盲腸紐を集束して左側結腸が背側に変位している, ②直検所見で結腸のガスによる拡張 (気腸) である. 直腸検査がもっとも有用な検査方法であり, 早期の開腹術により嵌入した結腸を整復する (図7.4).

腸炎は, 不良給餌, 腸内細菌叢の急変, 寒冷, 中毒, ロタウイルス等の微生物感染などの原因で生じ, 腸管の異常ガス産生, 腸蠕動亢進, 消化不良な軟便, 悪臭下痢などを呈する. 早期の適切な治療で予後は良好である.

腸結石は, 大結腸や盲腸に形成されることが多く, 障害は比較的少ないが, 小結腸に結石が移動して下痢や腸閉塞を起こす例もある. 腸閉塞例では, 直腸検査やエコー検査で状態を診断し, 開腹手術での結石除去が必要である.

腸重責は, 幼駒の回腸や盲腸に多発し, 蛇の脱皮のように腸管の一部が隣接する腸の管腔内に嵌入し, 腸閉塞状態を引き起こす. 寄生虫による局所的な腸管壊死等で腸蠕動がアンバランスになることなどが原因といわれる.

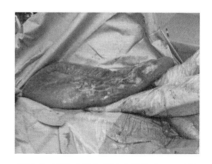

図7.4 再発を繰り返す2歳齢ウマのRE手術例 [口絵参照]
腎脾間膜の背側に二重に折れ曲り舌状に陥入した結腸を引き出したところ.

腸捻転は，疝痛から継発して腸管回転，ガス貯留，腸管膨満などから，腸が腹腔内でねじれた状態である．血行障害や通過障害が生じ，激しい疼痛を示す．早期に開腹し整復手術や腸管切除術を行う．

　腹膜炎は，浸出性の腹水貯留を特徴として，急性や慢性または汎発性や限局性に分けられる．重度の疝痛例で発症することがあるので，エコー検査下での結腸浮腫や腹水確認および穿刺により炎症か非炎症かなどを診断する必要がある．

b．ヘルニア

　ウマのヘルニアは，小腸や結腸などがヘルニア孔から脱出したものが多い．鼠径や陰嚢ヘルニアでは，逸脱した腸管を外科手術により整復する必要があり，早期発見と迅速な治療が必要である．

c．歯科疾患・口腔内疾患

　ウマでは切歯や犬歯および前臼歯は脱換するが，大臼歯は脱換しない．永久歯に脱換する時期は，切歯2.5〜4.5歳，犬歯4〜5歳および前臼歯2.5〜4年，狼歯5〜6カ月齢である．この時期に脱換せず乳歯が晩期残存する脱換異常では，咬合異常が生じやすい．

　咀嚼により臼歯が斜めに磨耗すると，臼歯が鋭利になる．これを斜歯といい，もっとも多い歯科疾患である．定期的に歯鑢などを用いて鋭利な縁を削る必要がある．口内炎や舌炎は，食欲低下するので大きな問題であり，物理的原因（不正咬合，斜歯，異物，かたい飼料の採食），化学的原因（薬物投与の影響），感染症（細菌，ウイルス，真菌），栄養障害，アレルギー，中毒等によって起こる．

d．消化管寄生虫感染症

　馬バエ幼虫症，条虫症，円虫症，蟯虫症，セタリア症，回虫症，エキノコックス症などがある．下痢，発育不良，貧血などの症状を呈し，疝痛や腸炎の原因になる．

　馬バエ科の幼虫はおもに消化管粘膜に寄生し粘膜が肥厚する．夏から秋の頃，体表に産み付けられた卵をウマが舐め飲み込むことで寄生する．

　ウマは，牧草とともに条虫の中間宿主であるダニの幼虫を食べることにより条虫に感染する．盲腸に寄生する葉状条虫がもっとも多く，夏〜秋に好発する．

　円虫には大円虫と小円虫とがある．大円虫は体内移行しもっとも被害が大きいので，長期放牧後の駆虫が必要である．小円虫は体内を移行しないが，多数

寄生で出血性大腸炎の誘因になる．感染馬と同居しているウマにも幼虫駆虫剤が必要となる．

馬糸状虫症ではほとんど症状は呈しないが，本来はウシに寄生する指状糸状虫の幼虫が，前眼房や脳脊髄に迷入する例が問題である．

馬回虫は幼駒の小腸に寄生例が多い．エキノコックスの成虫は犬や狐に寄生し，ウマは中間宿主であり，肝や肺の包虫が問題となる．

e. 食道炎・食道梗塞

食道炎は，流涎や圧痛，飲込む際の疼痛，悪心などの痙攣や閉塞様症状を呈し，咽頭炎や口内炎の併発，局所の狭窄と拡張に進行する場合がある．

急性食道梗塞は　固形物を大量に丸呑みしたときに発症する．慢性食道梗塞は，食道炎による食道狭窄，食道周囲の腫脹や膿瘍による食道の圧迫などで発症する．発症ウマは，絶食・流涎・苦悶・不安の症状を呈し誤嚥性肺炎等に進行するので，胃カテーテルや水道ホースを食道に通して梗塞物を胃へと押し込んだり，食道切開術をしたりする．

f. 胃潰瘍・胃破裂・X-大腸炎

ストレスを受けるウマでは，胃潰瘍は比較的多発し，とくに競走馬では約80％の発生率ともいわれる．潰瘍が進行し穿孔すると腹膜炎や疝痛を併発するので早期治療が必要である．胃に食塊やガスが急激に充満すると胃が拡張し，筋断裂や胃が破裂する．交通事故などの外傷で胃破裂することもある．

X-大腸炎は，原因不明であることからXと命名され，1963年に米国で報告されたウマの急性出血性大腸炎である．大腸粘膜の出血と全身性鬱血を呈し，悪臭便・水様性血様性下痢が特徴的である．

7.2.6　泌尿器・生殖器疾患

a. 泌尿器疾患

腎臓は尿の産生・排泄，血圧調節などの多機能を有する臓器である．腎臓の炎症である腎炎には多くの原因がある．進行すると高窒素血症，削痩，脱水，悪液質，衰弱などから，腎障害や尿毒症で死亡する．腎障害には急性と慢性があり，後者は回復しないといわれている．

1）糸球体腎炎：　糸球体腎炎は腎血管や尿道が微生物感染して生じる糸球体の炎症であり，高窒素血症になる．子馬が臍帯から上行性に感染すると，膀

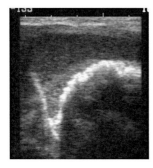

図7.5 3年間の血尿例で6×5 cm の膀胱結石例
左：低エコーの膀胱内尿と結石．右：牛用腟鏡を用い起立位で尿道から非観血的に摘出した膀胱結石［口絵参照］．I 型の炭酸カルシウム塩．

胱炎・尿管炎・化膿性腎炎などに移行し急性腎障害や尿毒症を併発する．

2) ネフローゼ症候群： 尿細管が変性・壊死し，多尿，タンパク尿，低アルブミン血症，浮腫を呈する腎臓の疾病である．進行すると高窒素血症，削痩，脱水，悪液質，衰弱などから，腎障害や尿毒症で死亡する．

3) 異常尿： 赤色尿には，血色素尿・血尿・筋色素尿がある．血色素尿は，住血寄生虫病，馬インフルエンザなどにより溶血し，尿中に血色素（ヘモグロビン）が大量に排泄される疾病である．血尿は腎や尿路の出血であり，尿沈査で赤血球が認められる．原因として腎炎，腎外傷，膀胱炎，膀胱腫瘍，膀胱結石，尿道炎，急性伝染病，血液病，白血病などがあげられる．ミオグロビン尿は筋肉の損傷に排出される．

タンパク尿は，タンパク質もしくは窒素化合物（アルブミンやグロブリンまたは異常タンパク質など）が病的に尿に多量に排泄されることである．腎性と偶発性がある．

4) 膀胱炎・膀胱結石： 膀胱炎は，感染や尿路刺激等で粘膜が炎症を起こし，排尿時の疼痛，頻尿，尿失禁などを呈する疾病である．膀胱結石については尿道の長さの違いから，臨床症状を呈するのはほとんどが牡馬で，牝馬ではまれである（図7.5）．

b. 生殖器疾患

牡馬では精巣炎，陰嚢や陰茎の疾病，種牡馬の繁殖障害等があるが，種牡馬以外はほとんどが去勢され，騸馬になるので繁殖上の問題はない．

牝馬の繁殖障害には，外陰部・腟の疾患や卵巣疾患および子宮の疾患があり，

その原因は多岐である．臨床現場で比較的発症頻度が高いのは，気腟・尿腟・持続性発情・黄体遺残・出血性卵胞・子宮内膜炎・慢性子宮内疾患などであるが，不妊の最大の原因が，子宮内の細菌感染であるとされていることから，子宮内膜炎の防除が重要である．また，ウマは双胎の発症率が高く流産や未熟子の原因となるので，片胎胞の用手的破砕による単胎処置が必要となる．その他，早期胚死滅，流早死産（流産：胎齢＜約300日，早産：胎齢約301〜320日，死産：妊娠満期），胎盤早期剥離，臍帯捻転，乳房炎などの疾病がある．

7.2.7 神経系疾患
a. 神経系疾患の特徴

大孔より上の病変を脳疾患といい，それより以遠が脊髄および末梢神経疾患である．臨床症状の違いから病変部を，①脳（大脳・間脳，脳幹：中脳・橋・延髄，小脳），②脊髄，③末梢神経，④全身性神経筋疾患の四つに大別できる．ウマでは歩行異常（跛行）の診断が中心となるが，神経学的検査・脳神経検査も重要である．脳・脊髄の各部位の障害は，特徴的な症状から病変部位の推定が可能となる場合がある．

以下，疾病の一部について概説する．

b. 脳炎・髄膜炎

脳炎は脳の神経組織や血管の炎症性病変であり，多くの脳炎の原因はウイルスである．ウマでは，日本脳炎，東部馬脳炎，西部馬脳炎，西ナイルウイルス感染症，ベネズエラ馬脳炎，狂犬病，ボルナ病などがある．人獣共通感染症が多い．症状は躁的興奮状態や刺激過敏から始まり，発熱，食欲不振，鬱状態，痙攣，眼球震盪，流涎，筋肉の振戦などの脳症状が診られることがある．

髄膜炎は，細菌やウイルスを主原因とする髄膜の炎症である．敗血症性の化膿性髄膜炎と脳炎ウイルスによる非化膿性髄膜炎に分けられる．新生子馬ではレンサ球菌や大腸菌による髄膜炎を発症しやすい．急性例では，神経症状の突発，発熱，毒血症を併発し，慢性例では，痛覚消失や麻痺が脳−脊髄へ拡大する．微生物検査・MRI検査・脳脊髄液（CSF）検査が有用である．

c. 水頭症・脳腫瘍

水頭症は脳室に大量のCSFが貯留し，脳室が異常に拡大した状態であり，先天性と後天性がある．CSFの分泌過剰や通過障害または吸収障害によって

発症し，種々の大脳症状を呈する．ステロイドや利尿剤投与などの内科療法のほかに，脳室腹腔（VP）シャントも有用である．

脳の腫瘍は，腫瘤効果（mass effect）により周囲の脳組織を圧迫し，頭蓋内圧上昇や局所的組織破壊などを起こす．おもな臨床症状は大脳症状であり，比較的ゆるやかに進行する．MRI 検査など画像診断が有用である．

d. 脊髄疾患

後躯麻痺の原因として，ビタミン B1 欠乏症，白筋症，ウイルス性疾患，熱中症などのほかに，脳脊髄糸状虫症（セタリア症・腰萎・腰フラ），馬原虫性脊髄炎（EPM），馬ヘルペス 1 型ウイルス（EHV-1）脊髄炎，脊髄灰白質変性症，頸部脊柱管狭窄症（CSM，ウオブラー症候群），馬尾症候群などがある．

ウシの消化管寄生虫である指状糸状虫の幼虫が，ウマの脳脊髄に迷入して生じるセタリア症の症状は，迷入した脳脊髄の部位等によって異なり，数カ月以上も後躯不全麻痺を呈する慢性例や無症状例もある．定期的な駆虫剤投与で予防できる．

CSM は，頸椎の不安定性により脊柱管が狭窄して脊髄を圧迫する疾病である（図 7.6）．頸部を屈曲することで生じる「動的狭窄」と，屈曲位でなくても生じる「静的狭窄」がある．乗馬用ウマでは，前者は腹側造窓術による減圧と椎体固定術の応用例がある．鑑別診断としては，脊髄の損傷・感染，多発性神経炎（馬尾症候群），EHV-1（突発する），原虫性脳脊髄炎，馬変性性脊髄脳症（前肢も），脊髄・脊椎の腫瘍などが考えられる．

馬尾は，腰髄後方の脊髄神経の束であり，形状がウマの尻尾に似ていることから命名された．馬尾症候群は馬尾神経根の疾患であり，突発・緩慢・進行性

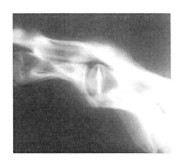

図 7.6　動的 CSM の造影 X 線写真（左）と MRI-T1WI（右，↑：狭窄部）

の肛門弛緩や尿の失禁，会陰部無痛覚，尾アトニーなどの症状がみられる．本症だけでは起立不能にはならないが，運動失調や不全麻痺に進行する例もある．

e. 小脳性運動失調・中耳炎（前庭障害）

先天的な小脳形成不全や麦角菌中毒などにより，小脳や前庭脊髄路に異常が生じた疾病である．運動の協調不全や斜頸などの小脳や前庭症状を呈する．

f. 末梢神経性麻痺

舌麻痺・咽頭麻痺・喉頭麻痺・鶏跛・橈骨神経麻痺・肩甲上神経麻痺などがある．舌麻痺は採食困難，嚥下困難などの症状を呈し，脳炎，脳浮腫，脳腫瘍，脳セタリア症などの脳障害のほか，局所的の外傷・下顎骨骨折などが原因である．鶏跛は，不随的に飛節を過度に屈曲させる異常歩様である．外傷による局所的神経麻痺や植物毒またはカビ毒との関連が推測されている．鶏跛はニワトリのように，歩くときに後肢を高く持ち上げるため，名づけられた．常歩時に出ても駈歩や襲歩（ギャロップ）では現れないので，競走に影響はないとされている．橈骨神経麻痺または腕神経神叢麻痺は，蹴傷・転倒，前肢の過度な伸展，手術時の長時間の横臥による圧迫などが原因の麻痺である．蹄をひきずるナックリング姿勢（CP 欠如）を呈す．

7.2.8 運動器疾患

ウマは進化した運動器を使って長い距離を早く走れる．競走馬のもっとも多発する疾病は運動器疾患である．

a. 跛行診断

跛行は，骨・軟骨，筋肉，腱，靭帯，神経など，様々な異状が原因になる異常歩様のことである．前肢の跛行を肩跛行，後肢の跛行を寛跛行という．懸垂肢跛行（懸跛）は脚を引き上げて前方に振り出すときに疼痛がある跛行の総称で，支柱肢跛行（支跛）は接地して負重するときに疼痛がある跛行の総称である．跛行を呈する疾病には，非整形外科的な疾病（代謝性，神経性，臓器関連性（腎臓），血管性など）と整形外科的な疾病（骨，関節，肢，腱・靭帯，筋など）がある．

b. 骨疾患

1) 骨折： 競走馬では，四肢の下脚，前肢の骨折が 8〜9 割で，その中でも手根（腕）関節や球節の関節内骨折や剥離骨折が 5 割を占める．重心のある

前駆の球節や腕関節は，脚の方向転換や停止役であることから大きな負担がかかるからである．骨折したウマは安楽死させることが多かったが，現在では手術の進歩により，競走復帰する例も増えてきた．

2) 骨膜炎・骨端炎： 骨膜炎は育成期の競走馬でよく起こる疾病の一つで，前肢の第三中手（管）骨々膜炎）などがある．治療としては，患部冷却や非ステロイド性抗炎症薬（NSAID）投与および休養である．

骨端炎は，若齢期の長骨の骨頭付近にある骨端軟骨（板）の炎症である．初期の骨膜切開術などによる治療がある．

3) 骨軟化症・肥大性骨症： 骨軟化症は，食餌中のカルシウム欠乏・リン過剰摂取，運動不足，日光の照射不足などにより，骨組織へのカルシウム等の沈着障害がおき，骨が軟化する病気である．子馬に発症する骨の発育障害をくる病または若年性骨粗鬆症，骨発育後の骨吸収などを骨軟化症または骨粗鬆症などという．栄養障害，元気消沈，食欲不振，消化不良，被毛粗剛，異嗜，削痩，起立不能などの症状を呈する．

肥大性骨症は，手根や足根以遠の長骨の硬い腫脹・肥大と触診時の疼痛を特徴とする疾病でマリー病とも呼ばれる．

c. 関節疾患

1) 関節炎（症）・骨髄炎： 関節炎（症）には，非化膿性の外傷性関節炎（症）・骨軟骨症・骨関節炎と，微生物が侵入する化膿性関節炎がある．化膿性関節炎

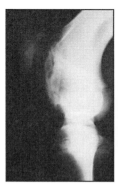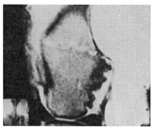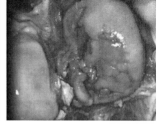

図7.7 化膿性膝関節炎例
左：X線透過性が亢進した膝蓋骨と相対する大腿骨遠位部のX線側方向像．中央：同部位のMRI-T1WI．膝関節の前面だけでなく後面の関節下骨にも著明な炎症像が認められる．右：同部位の肉眼所見［口絵参照］．外側顆の関節軟骨の著明な糜爛や潰瘍．

は関節鏡等による関節の除圧や洗浄などの初期治療が重要であり，治療が不十分だと予後不良になりやすい（図7.7）．また化膿が治癒しても異常贅骨の増生により骨関節症（OA, DJD）に移行するものも多い．

2) 離断性骨軟骨症 OCD： 関節への荷重集中などにより軟骨や骨の発育障害を生じ，軟骨部から骨片が剥離する，若馬に多発する疾病である．離断骨片が関節内を遊離し，多発性の関節症を引き起こすことが多い．競走馬の骨折で多発する手根骨の離断性骨軟骨症 OCD では，跛行と手根関節中央の腫脹が特徴である．レース復帰の予後は，離断した関節軟骨の量によって変わる．予防には，若馬の骨や軟骨の成長スピードを過度に要求しないことが重要である．

3) 骨関節炎 OA： 骨関節症は，軟骨，線維，滑膜，骨などの関節構成体が変形する病状の診断名で，変形性関節症（DJD）ともいわれる．成長した関節軟骨が機械的負荷を受け，軟骨細胞の代謝がしだいに傷害され，退行性変化（基質の変性分解など）を起こす．好発部位は膝や股関節などの大関節が主体で，手根関節，足根関節，椎体関節などにも認められる．臨床症状は跛行と関節疼痛が主である．軽い運動時の痛みは安静で軽減し，逆に運動負荷によって進行することもある．本症の初期変化を臨床的につかむことは非常に難しい．

近年，獣医画像診断技術の進歩はめざましく，とくに関節疾患の画像診断の診断率は高い．しかし，最終的には関節液検査や滑膜・軟骨の生検，神経ブロック，関節内麻酔，さらに診断的治療等も含めた跛行の総合臨床診断をすべきで

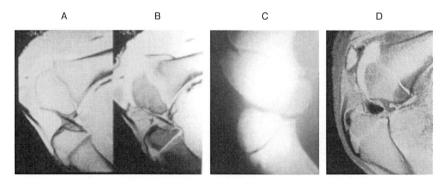

図7.8 若馬の膝関節，前後十字靭帯の描出
A：正常例の MRI-T1WI 矢状断．B：同 MRI-T2WI．C：前十字靭帯断裂例のX線側方向像．脛骨の前方引出徴候あり．D：同 MRI-T1WI．断裂した靭帯断端と関節鏡検査後の空気が関節内に残存している．

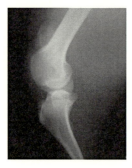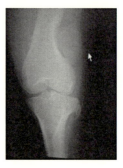

図 7.9 膝蓋骨外側脱臼例
左：X 線側方向像，右：前後像．膝蓋骨の脱臼（↑）と大腿骨の変形が認められる．

ある．

4) 脱臼： ウマの関節脱臼は，球節脱臼や十字靭帯断裂などのように靭帯断裂によるものと，膝蓋骨脱臼などのような骨の位置がずれるものがある（図 7.8, 図 7.9）．靭帯断裂による脱臼は手術での修復は難しいが，子馬では，1 カ月程度のギプス固定で修復する例もある．

d. 筋・腱・靭帯疾患

1) 筋炎・骨格筋症候群・ミオグロビン尿症・ミオパチー： 筋炎の中で，競走馬の激しい運動後に発症する骨格筋症候群であり，ミオグロビン尿症，窒素尿症などは要注意である．外傷等により大量の筋肉が挫滅する横紋筋融解症や麻酔後に発症するミオパチーなどでは，ミオグロビン（筋色素）が血液や尿に放出され，筋色素血症や筋色素尿症（暗赤褐色尿）になる．また，ぎくしゃくしてぎこちない歩様状態を「こずみ」といい，競走馬に非常に多い代謝性疾患である．運動器異常はあるのに無症状のもの，オーバーワークにより運動器が疲労したものがあり，四肢の筋群の硬化・圧痛を呈する．神経質な牝馬に多く，休養で蓄積された筋グリコーゲンが，運動により過剰に乳酸を産生するためという発症説がある．

2) 腱断裂： 腱の急激な伸展や外傷などによって腱が切断され，骨・筋・関節が正常に機能できなくなる状態である．競走馬の場合，前肢の浅屈腱と繋靭帯に発症する例が多い（図 7.10）．

3) 屈腱炎・繋靭帯炎： 第三中手骨部の後面を走行している屈腱が炎症を起こす疾病であり，ほとんどが中節骨に付着する浅屈腱炎である．腱線維が断

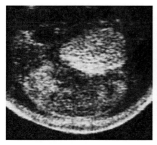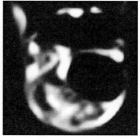

図 7.10 浅指屈腱の部分断裂症例
左:超音波検査で断裂部は無エコー.中央:横断 MRI-T2WI で高信号.右:同肉眼検査で出血と脆弱化が明瞭[口絵参照].

裂・出血・炎症を呈する.患部の球節がエビの腹のようなので,エビハラとかエビという.競走能力の高いウマに多く見られ,著明な走力低下と 1 年以上の長期休養・治療を要する.誘因として,低い蹄踵や長い蹄尖,疲労,腱の打撲などが考えられる.リハビリテーション,抗プラスミン製剤投与,患部への骨髄または脂肪幹細胞の移植など種々の治療報告があるが,発症後すぐに引退し,乗馬や種馬等に転身するウマも多い.カネヒキリは脂肪幹細胞の移植治療で屈腱炎から復帰した.

繫靱帯炎も競走馬の多い疾病で,走行中の過伸展により繫靱帯線維の断裂,または副管骨の骨膜炎や骨折,種子骨炎などにより発症する.

e. 蹄疾患

単蹄である馬蹄は前後には強いが左右のバランスには弱い特徴がある.馬蹄は蹄壁・蹄叉など蹄底外周全体でリング状に負重するが,中央の蹄底や蹄骨自体は浮遊した状態の構造である.すなわち蹄骨(末節骨・第一指骨)の頭側面は蹄葉部で接着し,その尾側面には深趾屈腱が付着し後方にバランスよく牽引しており,常に浮いた状態である.

1) 蹄葉炎・白帯病: 蹄葉炎は,蹄壁と蹄骨を繫ぐ葉状層の血管に異常が起こり,炎症や壊死に進行し,蹄の角質と知覚部が離断する難治性の蹄葉部疾患である(図7.11).疼痛が激しく歩行を嫌い,

図 7.11 慢性蹄葉炎症例の X 線写真
蹄骨は後方に牽引され沈下している.

蹄壁は蹄骨を支えられなくなり、脱蹄することもある。原因は、濃厚飼料の多給（食餌性蹄葉炎）、ショックによる末梢循環不全、肺炎や大腸炎などの合併症、ステロイド剤の投与、骨折肢の反対側肢への負重集中などがあげられる。急性蹄葉炎は危機的な状況であり、鎮痛剤や蹄の冷却、ジメチルスルホキシド（DMSO）投与など緊急な治療を必要とする。安楽死の要因ともなる。治療では特殊な器具や蹄鉄（エッグバー蹄鉄）など装着、蹄骨の変位（沈下）の防止や疼痛緩和を図る。蹄が変形するので装蹄療法を行う。

白帯病は、種々の要因で白帯角質が損傷する疾病である。

2) その他の蹄疾患： 蹄真皮炎、蹄壁欠損、蹄壁欠損、踏創、裂蹄、繁輝、とう嚢炎などがある。蹄真皮炎には、厚い角質である蹄鞘に包まれた蹄内部炎症、蹄叉腐爛や挫跖、釘傷などがある。これらは蹄葉炎に移行しやすい。

蹄叉腐爛は、不衛生な馬房や、手入れ不足および定期的な削蹄を怠ることが原因でおこる。蹄癌の誘因にもなる。なお蹄癌は乳頭腫様の角質増殖病変であり、腫瘍ではない。

挫跖は石を踏むなどして蹄底や蹄叉が挫傷することであり、蹄底が浅いウマに起きやすい。蹄治療のほか、抗生物質や消炎剤の投与、鉄橋蹄鉄を装着することもある。

釘傷は、装蹄時に蹄釘によって肉壁や肉底を損傷することであり、直達釘傷と介達釘傷に区別される。後者は、後で跛行が出ることがある。

蟻洞は、蹄壁の中層と内層が分離し空洞になった患部のことで、慢性蹄葉炎や白線病に継発することもある。真菌感染や角質発育不全などにより発症する。

蹄球炎は、交突や追突による蹄球部の挫傷であり、低い蹄踵や蹄踵狭窄などが原因である。疼痛や発熱または跛行することもある。

とう嚢炎は、蹄骨後部の遠位種子骨（とう状骨、ナビキュラー骨）や、とう状骨周囲の滑液嚢（とう嚢）、およびその靭帯付着部の炎症をいう。乗用馬の前肢に多発し跛行を呈する。装蹄療法や鎮痛剤の投与により症状は緩和するが、完治しない場合は切神術を行う。

7.2.9 血液・造血臓器疾患

a. 貧血・白血病

貧血は、赤血球数、ヘモグロビン量、PCVなど赤血球系の検査値が減少し

た状態であり，外傷性出血や伝貧ウイルスまたはピロプラズマ等の原虫の感染による溶血，新生子黄疸等がある．大量出血では，呼吸速迫，可視粘膜貧血，発汗，歩様蹌踉，頻脈等を呈し，進行すると起立不能，体温低下，振戦・痙攣などにより死亡する．栄養障害や骨髄障害，腎障害などから移行する慢性貧血例では，食欲不振，栄養低下，体重減少，四肢の浮腫などを呈する．

　馬伝染性貧血（伝貧）は伝貧ウイルスに慢性感染して貧血と発熱を繰り返し，最終的には死亡する法定伝染病で，ワクチンもなく，感染馬はただちに処分される．伝貧検査は毎年実施されている．2011年に宮崎県都井岬の岬馬でみつかった．

　白血病は白血球造血組織の悪性腫瘍であり，流血中に異常白血球が増加し白血化する例もある．ウマではリンパ肉腫が多い．症状は，元気消沈・削痩・貧血・黄疸などであり，消化器型では下痢や疝痛，皮膚型では皮膚の結節や痂皮形成等がみられる．

7.2.10 皮膚疾患

a. フレグモーネ（蜂巣織炎）・血腫

　ウマは小さな傷からも化膿しやすいので，全身の感染症に移行しないような注意が必要である．フレグモーネ（蜂巣織炎）は，四肢・腹・頭・頸・肩などの傷から感染し，広範囲の皮下織に急激な腫脹・発熱・疼痛などを呈する化膿性疾病である．病態が進行すると，高体温，局所浮腫，象皮様肥厚などがみられる．血腫は外傷や穿刺などにより，皮下や筋間に血液が貯留する疾病で，大量ならば貧血を呈する（図7.12）．慢性化すると結合織が増生し肥厚するか，

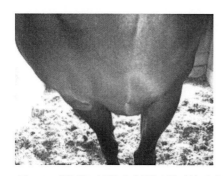

図7.12　前胸部に突発した動脈性血腫（左）と左腋下に広がった血腫の剖検所見（右）［口絵参照］

軟化し漿液腫等に移行する．

b. 皮膚の腫瘍

　ウマの皮膚にみられる腫瘍には，サルコイドーシス，パピローマ，扁平上皮癌，メラノーマ，唾液腺腫瘍などがある．サルコイドーシスは，原因不明の皮膚にできる腫瘤で，手術的切除や凍結手術が応用されるが，再発例も多く難治性である．パピローマは，鼻端や唇に多い大小の腫瘤で，若馬（2歳齢以下）で好発し伝染する．自然治癒することが多いが，前述の処置法も実施される．扁平上皮癌は，老齢馬頭部などに多い乳頭状腫瘤．メラノーマは芦毛馬の耳根部，尾根部，肛門周囲に多く発生する皮膚腫瘍であり，進行し悪性化するもの（悪性黒色腫）がある．喉嚢炎で鼻出血でも有名になった白馬のオグリキャップは，メラノーマにも罹患したし，ヒトでも白人に多発する．

c. 皮膚炎

　皮膚炎は，原因や部位により細菌性・真菌性，接触性皮膚炎，夏癬，蕁麻疹，毛包虫症，疥癬，シラミ，薬疹，天疱瘡，オンコセルカ症などがある．

　細菌性皮膚炎の原因菌は，ブドウ球菌やレンサ球菌，*Dermatophilus* 属などであり，高温多湿な環境，皮膚外傷などより発症する．毛包虫症は俗にセツとも呼ぶ．

　真菌性皮膚炎は秋〜冬のカビの最盛期に若馬の表皮に感染し，手入れ道具や馬具等から伝染し，鞍部から腹帯部にかけて好発する．馬具等の消毒やヨード剤および抗真菌剤等を用いる．

　夏癬の原因の一つに吸血昆虫へのアレルギーが考えられる．夏季に多発し掻痒・脱毛・痂皮は病害虫を駆除することで終息する．

　皮膚馬胃虫は，中間宿主であるハエの幼虫が皮膚から体外に脱出する際にウマの皮膚に傷をつけ，好酸球性の肉芽腫や顆粒性皮膚炎を引き起こす．ハエが出だす初夏〜夏季に多発し，秋には終息する．

　蕁麻疹は，体調不良時に発症するアレルギー反応の一種であり，皮膚に大小の扁平な丘疹が突発的にみられる．飼料，薬剤（薬疹），アレルゲンとの接触（接触性皮膚炎）などが原因．呼吸困難例には，強肝解毒剤やステロイド等の投与も必要である．

7.2.11 感 染 症

ウマの感染症（伝染病）の伝搬を防ぐために，家畜伝染病予防法のもとで，感染摘発と予防および検疫体制等が組織的に実施されている．検疫は動物と植物の流通を制限し，その間に種々の検査を行う水際作戦の一つであり，輸出入検疫や，乗馬および競走馬の入厩検査などがある．重要な感染症として，馬インフルエンザ，馬ヘルペスウイルス，日本脳炎，伝貧などのウイルス性疾患と，破傷風，炭疽，伝染性子宮炎，ロトコッカス・エクイ，サルモネラ，腺疫などの細菌性疾患がある．

a. 腺 疫

本症は，世界中にみられる *Streptococcus equi* の感染によって発症するウマの急性伝染病である．子馬で多発する上気道粘膜の炎症で，発熱，大量の鼻汁（粘液・浸出液・膿様），リンパ節の腫張と自潰を呈する．膿汁や鼻汁が感染源となって伝染し，敗血症性の化膿性髄膜炎など，重篤な全身感染症を誘発する．分泌物からの菌分離，ペニシリン製剤等による治療，ワクチンや隔離による予防が行われる．

b. 日本脳炎

ウマの日本脳炎はフラビウイルス科フラビウイルス属による非化膿性髄膜炎で，人畜共通感染症および法定伝染病である．ウマは感受性が高いが，ウマから人へは通常伝搬しない．発熱，興奮，麻痺，起立不能などから死亡する例もある．コガタアカイエカが主要な媒介昆虫であり，ブタがウイルス増幅動物である．本ウイルスは日本や東アジア，豪州など地球の東側に存在し，欧米に流行する西ナイルウイルス感染症等とは棲み分け状態にある．ウマの国際交流も盛んになっている現代では，これらの伝搬に注意が必要である．日本では3種混合ワクチンを蚊が発生する前に接種することで予防されている．

7.2.12 中 毒

自然毒や化学毒が生体内に入り，様々な中毒症状を発現する．ウマの中毒には，①砒素，②鉛，③フェノチアジン，④四塩化炭素中毒，⑤硫酸ナトリウム，⑥蛇毒などがある．

a. 砒素中毒

殺虫剤等から砒素を経口摂取した急性例では，胃の変調に続き，麻痺・虚脱・

心衰弱・昏睡などの末梢神経や中枢神経系の障害を呈し死亡する．解毒剤としてチオ硫酸ナトリウムがある．

b. 鉛中毒

ペンキ中の鉛酸化物や赤色顔料，メッキ，農薬中の砒酸塩鉛などの大量経口摂取が原因である．鉛で汚染された牧草地に放牧されたウマに発症する．急性の中枢神経性の呼吸筋麻痺により呼吸困難を呈する．解毒剤にキレート製剤がある．

c. フェノチアジン中毒

馬胃虫，円虫の駆虫剤成分であるフェノチアジンを薬用量で経口投与しても中毒症状を呈することがある．食欲がなくなり，可視粘膜蒼白，溶血，赤色尿など呈し斃死する例もある．

d. 四塩化炭素中毒

四塩化炭素も駆虫剤で肝臓毒である．大量経口摂取1～2日後に，食欲不振・悪心・タンパク尿・血尿・瞳孔散大・痙攣・昏睡等の症状，慢性例では肝障害を呈する．アミノ酸製剤や強肝剤等を投与する．

e. 硫酸ナトリウム中毒

健胃剤や緩下剤の主成分である硫酸ナトリウム（芒硝）の過剰摂取により，胃腸炎や中枢神経性興奮・痙攣等を呈する．治療は浣腸や下剤投与，抗痙攣や鎮静剤の投与，強心剤や利尿剤投与等である．

f. 蛇　毒

日本の蛇毒中毒の大半がマムシである．マムシ毒やハブ毒は出血毒で局所の循環障害やネフローゼ，多臓器不全を起こす．顔面や頭部の咬傷では症状は急激である．抗血清療法等で積極的に治療しないと，痙攣・呼吸困難・血圧低下・起立不能となり2～3日で死亡する．

g. カビ毒等による中毒

米国産の牧草には人工的に菌を内部寄生させており，それらの菌が産生する毒素エンドファイトによる中毒が報告されている．ウマでも繁殖障害，無乳症などが報告されているので，日本でも要注意である．

サビ病は，大麦など穀類のカビ病であるが，このカビ毒素によってウマが死亡することもある．外国産の輸入飼料の中には青カビ毒であるアフラトキシンを含むものがあり，これらにより食欲低下，肝障害，腎障害などを引き起こす

ことがある．

7.2.13 眼科疾患

眼科疾患は眼瞼，結膜，第三眼瞼，鼻涙管，角膜・強膜，水晶体，硝子体，網膜など眼球と付属器にみられる．眼に障害のある競走馬は出走できない．

a. 角膜炎・結膜炎・角結膜炎

競走中や放牧中時の異物混入，外傷，感染などから角膜表面が炎症し発症する．閉眼・流涙・疼痛を示す．軽度なら数日間の洗眼や点眼治療で治癒する．重症例では失明する場合もある．洗点眼し異物等を除去した後で，フルオレセイン試験紙で損傷の程度を評価するとよい．

結膜炎は，角膜炎と同様，病原微生物の感染，異物の混入，眼部の打撲，鼻涙管狭窄，風邪などの後遺症などで発症する．症状も同じで，結膜の充血・腫脹，流涙，眼脂などである．

b. ブドウ膜炎・月盲

眼球の虹彩，毛様体，脈絡膜などを含む前眼房内の炎症で，眼の疼痛，前眼房の混濁や出血または蓄膿などを呈する．眼球内のブドウ膜や虹彩毛様体にみられる炎症は，レプトスピラの日和見感染がもっとも疑われ，周期的であることから月盲と呼ばれている．休養加療すると症状が軽減するが日和見的に再燃し，体温上昇，食欲不振など全身症状が認められる．角膜炎や白内障や水晶体癒着等を生じ視力障害になりやすい．

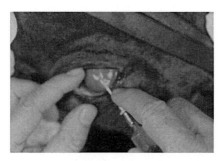

図7.13 起立位局麻下での混晴虫除去（鹿児島大学田代哲之教授提供）［口絵参照］
角膜穿刺にて混濁した眼房内を遊泳する指状糸状虫の幼虫を吸引する．

c. 鼻涙管狭窄症

涙は涙腺から分泌され，鼻涙管から鼻腔へ流出する．ウマは鼻涙管が長いので閉鎖や狭窄しやすい．涙の鼻腔内流出はフルオレセイン試験紙を用いる．ナイロン糸やカテーテル挿入および高圧洗浄などの処置法がある．

d. 混晴虫症

本来ウシに寄生する指状糸状虫の幼虫が，ウマの眼房の中に迷入する眼の病気である．眼房水の中を遊泳する幼虫を混晴虫と呼び，10〜12月に多発する．流涙・閉眼・眼房の混濁などがみられる．駆虫プログラムが進んだ現在では本症は少なくなったが，早期発見し幼虫の吸引摘出や洗浄等をしないと，重度の炎症を起こし失明する例もある（図7.13）． 〔田浦保穂〕

参 考 文 献

JRA競走馬総合研究所（1986）：馬の科学，サラブレッドはなぜ速いか，講談社ブルーバックス B-664.
JRA競走馬総合研究所（2014）：より深く理解するための馬の病気事典．JRAウェブサイト http://uma.equinst.go.jp/jiten/disease/
May, S. A., McIlwraith, C. W. (1998)：Equine Orthopaedics and Rheumatology, pp. 5-48, Manson Publishing, London.
日本獣医内科学アカデミー編（2014）：獣医内科学，大動物編，第2版，文英堂出版．
Roach, P. (1986)：PETS, Questions and Answers, 1st Ed., pp. 30-48, ABC Enterprises for Australian Broadcasting Corporation, Sydney.

8. ウマの利用

8.1 競　走　馬

　今日の日本において「ウマ」といってまず頭に浮かぶのは競馬ではなかろうか．農水省畜産振興課『馬関係資料』によると，日本で飼養されているウマの総数は約8万頭である．このうち，約19000頭が軽種馬の競走馬であり，軽種馬以外の競走馬として，北海道帯広市で開催されているばんえい（輓曳）競馬の競走馬が500頭程度いる．したがって，ウマ全体でいえば，おおむね2万頭弱が競走馬として飼養されていることになる．

　軽種馬とは，アラブ種，アングロアラブ種，サラブレッド種，およびそれらの交雑種を総称する日本独自の用語であるが，今日ではアラブ系種による競走が廃止されたため，ほぼすべてがサラブレッド種となっている．また，ばんえい競馬で共用される競走馬は重種馬とよばれるが，これはペルシュロン種，ブルトン種，ベルジャン種などの大型馬とその交雑種の総称である．

　ウマ全体でみると，日本は馬産大国とはいえないが，サラブレッド種に限ると，日本は世界有数の生産国である．2014年の生産頭数をみると，日本は6887頭で，これは，米国（20300頭），オーストラリア（13306頭），アルゼンチン（8028頭），アイルランド（7999頭）につぐ世界第5位となっている（公益社団法人ジャパン・スタッドブック・インターナショナルのウェブサイトによる）．

　サラブレッド種のウマが競走馬として供用されるまでにはいくつかの段階を経る．春に生まれた子馬は秋に離乳し，1歳の秋から冬の時期になると馴致訓練をほどこされ，2歳春から競走馬として順次デビューしていくことになる（生後24カ月を経ないと競走に使用できないという規定がある）．

表 8.1 中央競馬と地方競馬

	中央競馬	地方競馬
主催者	日本中央競馬会（特殊法人）	地方自治体（道，県，特別区，市町村）
競馬場数[*1]	10	17[*2]
売得金額[*1]	2兆4936億円	3219億円
年間競走数[*1]	3451	14293（1681）[*4]
2歳馬登録数[*5]	4101	1944（225）[*4]

出典：地方競馬全国協会「地方競馬に関する資料」．
[*1]：中央競馬は2014年1〜12月，地方競馬は2014年4月〜2015年3月．
[*2]：うち2場（札幌，中京）は中央競馬から借用．
[*3]：2013年生産サラブレッドのみ．
[*4]：（ ）内はばんえいで内数．
[*5]：中央競馬・地方競馬ともに2014年1〜12月の累計．

　かつては1歳の秋に競馬場の厩舎に入り，競走馬として調教されるのが一般的であったが，1970年代後半以降は，デビュー近くになってからトレーニングセンターや競馬場の厩舎に入厩し，それまでは産地の育成業者が調教を行うのが一般的になっている（岩崎，2002）．

　日本において競馬を主催できるのは，競馬法の定めにより特殊法人である日本中央競馬会（JRA）と都道府県および一部の市町村（指定市町村）となっている（表8.1）．JRAが主催する中央競馬は，第二次世界大戦前の日本競馬会主催による公認競馬に由来し，現在は全国10カ所の競馬場で，年間のべ288日，3542〜3454競走を実施している．1997年のピーク時には4兆円であった馬券の売上高は年々減少傾向をたどり，2012年には2.4兆円にまで減っている．

　地方自治体が主催する競馬を地方競馬とよぶ．地方競馬は，第二次世界大戦の戦時統制期をはさみ，1947年までは馬匹組合や畜産組合といった畜産団体の主催で開催されていたが，競馬法の制定・施行にともなって1947年7月以降都道府県に開催権が移ったものである（競馬の法制度の変遷については宇井（1999）などを参照されたい）．

　地方競馬においては，1950年頃までは農耕などで使役される馬が数多く使われたが，産業現場から馬が消失するにともなって競走馬資源が失われ，沖縄県を除くすべての都道府県で開催された地方競馬は，1950年代終わりまでに次々と姿を消していった．その一方で，競走専用馬の導入に成功し残存した競馬場の多くは，高度経済成長期になると馬券の発売額を大きく伸ばした（古林，2014）．1980年代半ばには景気の後退にともなう危機もあったが，1980年代後

半になるといわゆるバブル景気によって発売額は大きく増大し，自治体財政に大きく寄与した．

だが，バブル崩壊以降の長期的な経済の低迷により，2001年3月中津競馬組合（大分県と中津市で構成）が競馬事業から撤退したのを皮切りに，宇都宮市（宇都宮競馬場），新潟県競馬組合（新潟競馬場・三条競馬場），益田市（益田競馬場），足利市（足利競馬場），上山市（上山競馬場），群馬県競馬組合（高崎競馬場），栃木県（宇都宮競馬場），ばんえい競馬の北海道市営競馬組合（旭川競馬場，岩見沢競馬場，北見競馬場），荒尾競馬組合（荒尾競馬場），そして福山市（福山競馬場）と，競馬事業から撤退する自治体が相ついだ．

その結果，2015年度には17競馬場（46の地方自治体が10の一部事務組合を構成して開催，4自治体は単独で開催）にまで減少した．ただし，2015年度は，17競馬場のうち中央競馬会の競馬場を借用しての開催となる札幌競馬場および中京競馬場での開催は行われなかった．

2014年度の地方競馬の売得金額（馬券発売額から返還額を控除した金額）は3879億円であるが，その額は主催者ごとに大きな差がある．もっとも大きいのは，特別区競馬組合（＝大井競馬場）で1000億円，逆にもっとも小さいのが，石川県と金沢市が主催する金沢競馬の117億円であった．賞金や出走手当（報償金という）は馬券の発売額に規定されるため，馬券の発売額の小さい競馬場は報償金も少なくならざるをえない．

サラブレッド種の需要は基本的に競走馬需要である．数量的にみると，2012年に種付けされた軽種（サラブレッド系統，アラブ系統）の雌馬は9349頭で，翌2013年に6843頭が誕生している（サラブレッド系統6836頭，アラブ系統7頭）．このうち血統登録がなされたのが6811頭，馬名登録が行われたのが6359頭，さらに競走馬として登録されたのは中央競馬4310頭，地方競馬1587頭となっている（2015年軽種馬統計）．したがって，昨今の競走馬需要は毎年6000頭程度であるとみていいだろう．

なお，表8.1に示したように，競走回数は地方競馬が圧倒的に多いにもかかわらず，2歳馬登録頭数は逆に圧倒的に少なくなっている．これは，中央競馬で供用された競走馬のうち，思うように成績があがらなかったウマなどが地方に移籍し，これが地方競馬の競走馬資源として大きな役割を果たしているからである．

それゆえ，多くの地方競馬では相対的に高齢のウマの占める比率は高くなるのだが，例外的に，北海道地方競馬（通称道営ホッカイドウ競馬）は2歳戦の占める比率が他に比べ高くなっており，ホッカイドウ競馬でデビューしたウマの多くは他の地方競馬や中央競馬に移籍する．つまり，ホッカイドウ競馬は馬産地における流通インフラとしての役割を果たしているのである（古林，2001；古林・高倉，2011）．

報償金の高い中央競馬や特別区競馬組合（大井競馬場）から報奨金の低い他の地方競馬へと競走馬は流通する．1990年代後半以降の地方競馬の相つぐ廃止は競走馬需要の下支え機能の喪失であり，競走馬需要総体の減少に結びついている．

ばんえい競馬の競走馬は，ペルシュロン種，ベルジャン種，ブルトン種といった大型馬の交雑種である．日本では，こうした大型馬を重種馬と総称し，サラブレッド種，アラブ種，その交雑種を軽種馬と総称している．2014年5月現在，ばんえい競馬の競走馬には品種的な意味での純血の競走馬はいない．かつては血統登録書や出馬表に「重半血」や「半血」などと記載されていたが，2000年産駒からは「日本輓系種」（日輓）と記載されるようになった．また，統計上は「農用馬」と記載されることもあり，本章でも農用馬と総称することとする．

いうまでもなく，モータリゼーションの普及により，産業現場での使役馬の需要が減少したことから，軽種馬以外のウマの生産頭数は高度経済成長期以降減り続けたが，馬肉需要とばんえい競馬の興隆により，1970年代後半からは増加に転じ，1994年には全国で8097頭にまで増加した．その後はばんえい競馬の長期低迷などにより生産頭数は減少を続け，2012年には1436頭と，ピーク時の2割を下回る水準にまで落ち込んでいる．

農用馬の生産も，サラブレッド種と同様，北海道が中心である．2012年の生産頭数では1436頭のうち，88%にあたる1261頭が北海道産である．北海道以外では，それぞれわずかではあるが，東北，九州，島根でも農用馬の生産が行われている．西日本で生産される農用馬はほぼ肉用である．

ばんえい競馬に競走馬登録され能力検定に合格するのは毎年200頭程度であるから，競走馬になるのは1割強にすぎず，生産された農用馬は大部分が肉用に仕向けられることになる．

ばんえい競馬は世界でただ一つの競馬といわれている．途中大小二つの山（障

害）が設けられた直線200mの砂走路を，鉄板の重量物を積載した鉄製の橇を牽引して着順を競うものである．日本の競馬法制度では地方競馬であり，現在では帯広競馬場で帯広市だけが主催している．

サラブレッド種による競馬（便宜上，平地競馬とよぶ）では競走馬の能力は4〜6歳くらいがピークのようだが，ばんえい競馬の競走馬は7歳以降10歳くらいまでがもっとも強いようで，1トンの橇をひく最高峰のレースとされるばんえい記念競走では，3歳以上に出走資格が与えられてはいるものの，実際に出走するのはほとんどが7歳馬以上である．

8.2 乗　　馬

現代の日本において，競走馬の次に飼養頭数が多いと思われるのが乗用馬である．「馬関係資料」によると，2011年以降は調査されなくなったため，若干古いデータだが，2010年に全国の乗馬施設で飼養されていたウマの頭数は15543頭となっている．これは競走馬の飼養頭数につぐ数である．

乗馬人口をどう定義するかは難しい．観光地などでの引き馬を楽しんだ人も含めると，かなりの数にのぼると思われるが，こうした人までを網羅した統計資料は存在しない．そこで，「馬関係資料」では乗馬クラブや学校の馬術部などに所属している個人会員と団体会員の合計を「乗用人口」と定義している．

図8.1は近年の乗用人口と乗用馬の飼養頭数の推移を表している．年によって増減はあるものの，乗用人口・乗用馬飼養頭数ともに増加基調にあることは

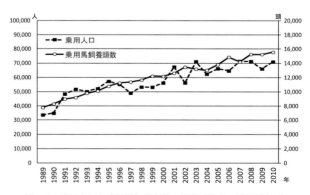

図8.1　乗用人口と乗用馬飼養頭数の推移（出典：馬関係資料）

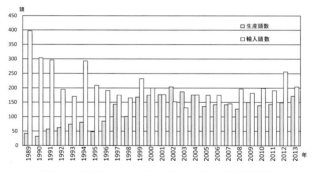

図 8.2　乗系馬の生産・輸入の推移（出典：馬関係資料）

確かなようである．乗用人口を定着的な乗馬人口だとすれば，日本の定着的な乗馬人口は約 7 万人，乗馬頭数は約 1 万 6 千頭という水準にあると考えられる．

この図のデータからは，乗用馬頭数と乗用人口の比率はウマ 1 頭に対して乗用人口 4～5 人という値が算出される．したがって，乗用人口が 1000 人増加すれば 200～250 頭の乗用馬の新規需要が生まれることになる．

次に乗用馬の生産・供給についてみる．図 8.2 は乗系馬供給の推移である．2000 年頃までは国内生産頭数は増加傾向で 2002 年には 204 頭まで増えたが，その後は減少に転じ，近年では 150 頭前後で推移している．また，輸入頭数は逆に 1990 年代を通じて減少傾向を示し，その後は 200～300 頭のあいだで推移している．国内生産と輸入頭数をあわせた供給頭数全体は長期的に停滞基調にあるといっていいだろう．

飼養されている乗馬頭数を 1 万 6 千頭とすると，生産頭数と輸入頭数を合計しても 2% 程度にすぎない．かりに，毎年飼養総数の 1 割が入れ替えられるとしても，1 年あたりの新規需要頭数は約 1600 頭となるから，明らかに国内生産頭数と輸入頭数ではまったく充足できない．このギャップを埋めているのが競走馬の用途転換である．

先にみたように，中央競馬と地方競馬で競走馬登録される競走馬は毎年 6 千頭程度である．競走馬需要が飽和状態もしくは減少している現状からすると，新規登録馬と同数もしくはややそれを上回る数のサラブレッド種馬が淘汰されていることとなる．このうち繁殖登録されるサラブレッド種馬はせいぜい 400 頭弱であるから，おおむね 5 千数百頭が廃用となる計算になる．このうち，乗馬施設などで乗馬として第二の人生ならぬ「馬生」を送ることになるのは，多

く見てもせいぜい1千頭程度であると考えられる．

　この競走馬の用途転換が乗用馬の生産・輸入の増大を妨げているとも考えられる．良質な乗馬を求める乗馬関係者は多いが，日本の乗系専用種の生産は規模的にも質的にも欧米諸国に比べるとまだ発展途上にあるといわざるをえない．その一方で，元競走馬の供給量は圧倒的に多い．量的に多いだけではなく，価格的にもきわめて低廉である．競走で成績を残せなかった愛馬を処分してしまうには忍びないとして，乗馬として使用してもらえるなら，きわめて安く，もしくはただでも引き取ってもらいたいと願う競走馬のオーナーも少なくない．

　もちろん，競走馬がすぐに乗馬になれるわけではなく，当該馬の資質に加え，馴致・訓練が必要ではあるが，それでも乗馬施設の側からすれば，あえて低質な乗系専用種を購入するよりは，乗馬向けの資質を有するサラブレッドを安価に購入するメリットの方が大きいようである．

　このことを乗系馬の生産側からみると，低廉なサラブレッドが大量に供給される現状では，高価な良血の種雄馬や繁殖雌馬を購入し良質な乗系馬を生産したとしても，価格競争力においてかなわない．したがって，乗用人口や乗用馬の飼養頭数が増加基調にあっても乗系馬の生産が目立って拡大するという傾向は必ずしもみられないことになっていると考えられる．

　事実，北海道日高地方ではサラブレッド種の生産頭数が長期減少傾向にあり，転廃業する牧場も多いが，和牛生産などに転換する牧場はあっても，乗系馬に転換する牧場はきわめて少ない．

　乗系馬も生産の中心は北海道で，馬事協会調べによると，2013年の生産頭数は172頭で，その地域別内訳は，北海道が120頭，岩手県が31頭，その他が21頭となっている．ただ，北海道でも，サラブレッド種生産の主産地日高ではなく，根室（30頭），釧路（42頭），胆振（31頭）が中心となっている．

　次に乗馬サービスの市場動向についても簡単にふれておく．先にみたように，乗馬人口は増加基調にあるが，その属性を明らかにできるデータはない．いくつかの乗馬クラブでの聞き取りによると，会員の7〜8割を成人女性が占めているケースが多いようである．独身の女性と子育てが一段落した女性が中心となっているが，なかには60歳を超え，健康維持のために乗馬を始めるというケースもあるという．量的な面で日本の乗馬市場を牽引しているのは，時間的・

所得的余裕のできた女性であるといってよい．

　馬関係資料の 2009 年の数値をみると，乗馬施設数は 1012，乗用人口は 66114 人となっている．単純平均で1施設あたりの乗用人口は 65.3 人となるが，実際の乗馬クラブを営む事業者の規模や経営内容は千差万別である．全国的に多数の施設を展開している大規模事業者もあるが，ほとんどのクラブは単一の施設でそれぞれの特色をもって営まれている．

　乗馬施設を立地条件から分類すると，都市型と郊外型に大別できるように思われる．都市型は馬場でのレッスンを中心としたタイプ，郊外型は屋外でのトレッキングなどを「売り物」にするタイプ（それだけを行っているわけではなく，馬場でのレッスンも行っている）である．数的にいうと，圧倒的に前者が多いが，北海道などでは後者もみられ，こうした施設は地域の観光資源としての役割も果たしている．

8.3　労　　　役

　日本の産業現場においてウマが利用されていたのは，せいぜい 1970 年代半ば頃までのことといっていいだろう．しかし，わずかではあるが，様々なところで，いまなおウマが利用されている．産業現場でどのくらいの数のウマが使役されているのかを知る資料は乏しい．

　やや古い数値だが，「家畜改良関係資料」によると，全国で 1672 戸が 10536 頭を使役目的でウマを飼養しているとなっている（2009 年 2 月 1 日現在，表 8.2）．このうち，1586 戸 10281 頭が北海道である．北海道の数値には競走馬として育成中のウマが含まれている．さらに，この資料は農家とそこで飼養されているウマに限定されており，農家以外で飼養されているウマは含まれない．たとえば，遊園地や観光地などで馬車をひいているウマは統計資料には現れない．「○○ではかつて馬が○○頭飼われていた」といった記述を見かけることがあるが，こうした記述においては，非農家において使役されていたウマが含まれていないことも多いので注意を要する．モータリゼーションと機械化が進展する以前においては，農家が飼養している頭数を上回る産業用馬が，運送業者をはじめとする様々な非農家で飼養されていたことに留意する必要がある．

　現在においては，産業動力としてのウマの利用はごく限られたケースを除き，

表 8.2 使役目的馬の飼養戸数および頭数（2009年2月1日現在）

都道府県	戸数		頭数	
	実数（戸）	比率（％）	実数（頭）	比率（％）
北海道	1586	94.9	10281	97.6
青森	2	0.1	3	0.0
岩手	23	1.4	35	0.3
宮城	2	0.1	2	0.0
山形	1	0.1	3	0.0
島根	4	0.2	12	0.1
福岡	1	0.1	1	0.0
長崎	16	1.0	37	0.4
熊本	33	2.0	158	1.5
宮崎	1	0.1	1	0.0
鹿児島	3	0.2	3	0.0
合計	1672	100.0	10536	100.0

出典：家畜改良関係資料

ほとんど消失したといっていい．しかし，産業動力としてではなくウマが利用されることも少なくない．

労役とよぶのがふさわしいかどうかはわからないが，祭礼用にいまもなお多くのウマが飼養されている．東日本大震災の際，福島県内で相馬野馬追のために飼養されているウマの避難が話題となったが，それ以外でも各地で神馬として飼養されているウマもある．また，流鏑馬競技用に飼養されているウマもあるし，観光地などで馬車をひくために飼養されているウマもいる．

また，技術伝承や歴史教育の教材として，森林作業における馬搬や，ウマを利用した耕作を行っている人々や学校も全国にある．こうした活動を網羅的に紹介することは困難であるが，すでに多くの人々から忘れ去られつつあるウマの産業的利用を保全する社会的意味もある．

東日本大震災の直後，北海道和種馬保存協会では，被災地でウマによる物資運搬のボランティア活動を提起したという．受け入れ側の対応が整わず実現はしなかったが，道路が寸断された被災地では，単に自動車が通行できないだけでなく，燃料の供給も途絶える．こうした場合，山林などで飼料の自給が可能で，道なきところを通って物資を搬送できるウマの活用には一考の余地があるのではなかろうか．緊急対応への協力を前提としたウマの飼養に社会的支援を行うという政策もありうるだろう．

さらに近年ではホースセラピーの活動も徐々に盛んになっており，こうした面でのウマの利用も注目されるところである．

8.4 食用・皮革

前項は役畜としてのウマの利用であるが，ウマは役畜としてだけでなく，用畜としての利用もある．ウマの用畜としての利用で量的に大きいのは食肉と皮革であろう．まず馬肉についてみていく．

畜産物流通統計によると，日本における 2014 年の馬肉生産量は 5379 トン（枝肉換算）である．これは，豚肉（126.3 万トン）の 0.4%，牛肉（50.2 万トン）の 1.0% にすぎず，国民的なタンパク供給源として重要な位置づけを占めているとはいいがたい．とはいえ，熊本，長野，会津など，馬肉食が好まれる地域も全国に散在しており，そうした地域では欠くことのできない地域の食文化の構成要素となっている．

枝肉生産量を都道府県別にみると，熊本県（全体の 44.5%）が圧倒的に大きく，以下，福島県（同 21.5%），青森県（同 9.5%），福岡県（同 8.6%），山梨県（同 5.2%）と続き，この上位 5 県で枝肉生産量全体の 89.3% を占める．これらの地域が馬肉食文化が根づいた地域であるといってよいだろう．地域ごとに異なった馬肉食文化が形成されている（日本馬肉協会，2013）．

なかでも馬刺しは熊本の郷土料理としてあまりにも有名である．だが，熊本において，古くから馬肉がとくに珍重されていたわけではなさそうである．夏目漱石『三四郎』の主人公が五高在学時代を思い起こすシーンに「たまたま飲食店に上がれば牛肉屋である．その牛肉屋の牛が馬肉かもしれないという嫌疑がある．学生は皿に盛った肉を手掴みにして，座敷の壁へと拋き付ける．落ちれば牛肉で，貼付けば馬肉だという．まるで呪見たような事をしていた」という一節がある（岩波文庫版，p.147）．これは漱石が第五高等学校の教師をしていた時期の経験に基づくと推測されるが，この一節を読む限り，明治後期の熊本では（漱石が熊本に在住したのは 1896～1900 年），馬肉は珍重されるどころか，牛肉の「まがい物」としての位置づけである．

福原（1956）によると，1872 年に馬肉を牛肉といつわり，食肉販売業者が懲役刑を受けた記録があるという．したがって，明治になって獣肉食が普及し

始めてから長らくのあいだ，馬肉は牛肉の安価な代替品（もしくはまがい物）としての位置づけになっていたと考えられる．

今日馬肉食が一般的ではない地域においても，往事は数多くのウマが使役されていた．そこで廃用になった使役馬はと畜されていた．と畜したウマを単に廃棄していたとは考えづらい．明示的か否かはともかくとして，おそらく，かなりの量が食肉として消費されていたと考える方が自然であろう．

ひとつの傍証として，北海道中央部の旧産炭地に郷土料理として伝わる「なんこ料理」をあげたい．ナンコは馬腸のことで，これを煮込んだものである．ナンコのナンは南で，南は午の方角であることから，ウマを指す隠語であるとされ，かつて鉱業先進地だった秋田から伝わったともいわれる（歌志内市のウェブサイトによる）が，炭鉱で使役されていた廃馬が利用されたものであろう．現代ではウマの腸のみが利用されるが，と畜したウマの内臓だけが食用に供されていたとは考えづらく，肉も食用に供していたと考えるのが自然であろう．にもかかわらず，現在ではこの地方に馬肉食（桜鍋や馬刺しなど）の食文化は残っていない．こう考えると，往事，馬肉は消費者にとくに意識されることなく，食されていたと考えるべきだろう．

馬肉・牛肉の判別方法はともかくとして，上記の『三四郎』の一節にある状況は，なにも熊本に限ったことではなかった可能性は高い．今日のわれわれは，この一節を，現在の馬肉消費の盛んな熊本の地域性を表現しているかのように読んでしまうのだが，漱石が熊本の珍奇な風習として取り上げたのは「呪見たような事」であり，馬肉食（馬肉と牛肉の混合もしくは牛肉への偽装を含む）そのものではなかったのかもしれない．暗黙的な馬肉食が全国的なものであった可能性は高い．

表8.3は馬肉生産と他の畜肉生産の長期変化を表したものである．この資料の古い時期のデータの信頼性は必ずしも高いとはいえないが，ひとつの目安にはなろう．漱石の熊本在住中に相当する1889年をみると，ウマのと畜頭数はウシのほぼ1/4である．かりにと畜された牛馬がともに食肉として利用されたとすれば，ウマとウシの1頭あたりの産肉量が等しいとしても（実際にはウマの方が多いであろう），牛肉の1/4に相当する馬肉が流通していたことになり，消費者が意識していたか否かはともかくとして，馬肉の消費は決して地域的に限定されたものではなかったといえよう．

表 8.3 畜種別と畜頭数と枝肉生産量の変化

		1889年[*1]	1908年[*1]	1928年[*1]	1948年[*2]	1968年[*3]
と畜頭数 (頭)	馬	21203	56444	75370	63840	105005
	成牛	84711	136483	303819	232699	607520
	子牛	-	4925	28211	9978	167107
	豚	-	157741	685336	237707	3130720
	めん羊	-	893	907	269	67035
	やぎ	-	1444	6562	4019	96547
枝肉生産量 (kg)	馬	-	6314495	9488970	9972949	18551495
	成牛	-	21507652	50827384	40965912	121724620
	子牛	-	243821	1342703	401830	5887432
	豚	-	9113342	32587478	12012611	161140064
	めん羊	-	26328	16714	4733	1331639
	やぎ	-	10817	53093	59899	946900

出典：畜産物流通統計
[*1]：都道府県－市町村を通じた表式調査.
[*2]：農林統計調査部が都道府県衛生部からの報告によりまとめたもの.
[*3]：農林統計情報部「畜産物流通調査」による.

都市の産業現場からウマが姿をほとんど消し，耕地や山林でもウマの姿がかなり減っていた1968年段階においても，ウマの枝肉生産量はウシの枝肉生産量の1割近くあり，後述する加工用途を含め，一般にいわれているほど馬肉は日本の食生活になじみのないものではなかった．

そう考えると馬肉食文化は，熊本をはじめとする馬肉食文化の残る地域で独自に生まれたのではなく，馬肉食は全国的一般的に行われていたのが，使役馬の消滅とともに廃れていったにもかかわらず，これらの地域においてはなんらかの事情で馬肉食が残存したと考えるべきであろう．

これはひとつの仮説ではあるが，馬肉食文化が残存・発達した地域においては，馬肉を明示的・意識的に食する文化，すなわち，牛肉などの代替品としてではなく，馬肉そのものを賞味する文化が確立していたため，使役馬がいなくなると，ウマを飼養・肥育してきたのではないだろうか．「他の地方では廃馬をすぐにと畜していたが，熊本では肥育してと畜していた」ともいわれる（古林，2007）．ウマをウマとして賞味する食文化がすでに形成されていたということであろう．

馬刺しや桜鍋などの馬肉食文化の食材としての利用とは別に，馬肉はかつては加工用肉としても多くが利用されていた．図8.3は馬肉の国内消費の年次推

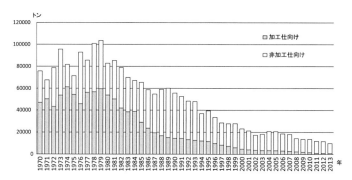
図 8.3 馬肉消費量の推移（出典：馬関係資料）

移を表したものである．1978～79 年には，枝肉換算で 10 万トンの水準にあった馬肉の消費量はその後急激に減少する．図に明らかなように，1980 年代から 1990 年代に減少したのは加工仕向け用の馬肉であり，非加工仕向けは一定の需要を確保し続ける．その結果，1970 年頃には加工仕向けが 6 割を占めていたのが，1980 年には比率が逆転し，近年では加工仕向けは 1 割程度になっている．

加工用の仕向先はハム・ソーセージである．1948 年に伊藤ハムの創業者伊藤傳三は，ハムの原料である豚肉の供給不足を補うために，豚肉以外のいわゆる「雑肉」を加えたプレスハムを開発した．この「雑肉」として馬肉が大量に利用された．プレスハムは日本独自の製品で，高度経済成長期以降も生産量を大きく伸ばした（伊藤記念財団，1991）．しかし，国内生産と輸入の増大による豚肉の供給量増大と消費者の嗜好の変化により，プレスハムの生産量は 1977 年の 124000 トンをピークに減少に転じる．かわって豚ロースを原料とするロースハムが生産量を伸ばしていく．1975 年には，ロースハム生産量が約 27000 トンだったのに対して，その 4 倍近い 102000 トンのプレスハムが生産されていた．それが，1986 年にはロースハムが 74000 トン，プレスハムが 72000 トンと逆転し，2013 年にはロースハム 82000 トンに対し，プレスハムは 29000 トンにまで減少している（日本食肉協議会「食肉加工品等流通調査」）．

ウマの飼養頭数の減少にともなう国内産加工仕向け馬肉の供給減をカバーしたのが輸入馬肉である．表 8.4 は馬肉輸入の変化をみたものである．プレスハムの生産量がピークにあった頃は 43000 トンの馬肉がアルゼンチンやブラジルなどから輸入されていたが，2012 年には輸入量は 1/10 に減少し，さらにその

表 8.4 馬肉輸入量の変化

	1975 年		1995 年		2013 年	
	t	%	t	%	t	%
中　国	184	0.4	3772	18.7	2	0.0
ブラジル	22253	51.7	691	3.4	173	3.9
アルゼンチン	13127	30.5	6019	29.9	419	9.4
カナダ	2084	4.8	3687	18.3	2,721	61.3
アメリカ	1702	4.0	1290	6.4	-	-
メキシコ	2826	6.6	1081	5.4	851	19.2
オーストラリア	-	-	2840	14.1	-	-
その他	870	2.0	738	3.7	272	6.1
計	43046	100.0	20118	100.0	4,438	100.0
平均価格（円/kg）	335		275		776	

出典：農林水産省「馬関係資料」(元資料は「貿易統計月報」)

中心はカナダとなっている．カナダ産馬肉は主として非加工仕向けに輸入されており，価格水準も加工用に比べると高い．ちなみに，カナダからは食用に活馬も輸入されている．2013 年には農用馬の国内生産頭数を大きく上回る 3707 頭が輸入され（「馬関係資料」），熊本県などの国内で肥育された後，食肉として市場に出回っている．馬肉の大消費地熊本では「カナダ産県内肥育」という表示で販売されている．

こうしてハム・ソーセージ業界の「雑肉」需要の減少にともない，加工用馬肉の需要は大きく減少し，現在では馬肉需要の 9 割が非加工用となっている（図 8.3）．

馬肉の特殊な用途としては，動物園におけるライオンやトラの餌がある．馬肉の利用は，コスト的な理由ではなく，脂肪分の過剰摂取を避けるという意味合いが強いとのことである．また，ペットフードの原料としても利用されている．

次に皮革についてみていく．日本皮革産業連合会・日本タンナーズ協会 (2014) によると，2013 年の月間生産枚数は 10204 枚で，これは牛革の 232200 枚（成牛革・中牛革・子牛革・牛床革の合計），豚革の 83193 枚に比べるとかなり少ない．

馬革は，全体的に組織が粗く，そもそも馬は牛よりも皮が薄いため，馬革は牛革に比べて薄くなる．だが，馬革の銀面部は牛革の銀面部よりも丈夫でなめ

らかなことから，軽量な皮革製品をつくることができる．そうした特性があるためであろうが，米国空軍が航空機の搭乗員用につくったフライトジャケットは馬革を使用していたという．

　日本で生産された馬革を用途別にみると，6300枚（61.7%）が鞄袋物用，靴裏用が2744枚（26.9%）となっており，この二つで約9割を占めている．量的に多いのはこの二つであるが，大型の和太鼓の革にも馬革が使用されることがあるという（出口, 1999）．とはいえ，鞄袋物用，靴裏用以外は1割にみたず，さらに，絶対に馬革でなければならないという製品はないようである．

　ただ，馬革には臀部の一部にコードバン（cordovan）と呼ばれる部分があり，スペインのコルドバで生産されていたことに由来する．これは馬革独特のもので，臀部の皮の内部に存在する特殊な繊維層を削りだして生産されるものである．コードバンはなめらかな手触りと独特の光沢があり，その製造には，フルタンニン鞣しの後，特殊な工程を経て約10カ月もの期間を要し，削りだしなどに高い技術力が必要とされる．そのため「革のダイヤモンド」とも称され，高い価格で取り引きされている．

　製革業者の団体である日本タンナーズ協会の会員数は約320弱であるが，このなかで馬革を専業とする業者は1業者しかおらず，また，高品質なコードバンを安定的に生産できるのもこの姫路市にある新喜皮革1社である（日本だけでなく，世界的にもこうした業者はめずらしいという）．

　新喜皮革の月産は約2500枚とのことであるが，近年の日本におけるウマのと畜頭数は月1000頭程度にとどまっており，さらにサラブレッド種は皮膚が薄くコードバンが採れない．それゆえ，質的・量的に安定的した生産を行うため，新喜皮革は使用原皮のほとんどを国外からの輸入に依拠している．

　貿易統計によると，2013年，日本には，馬類の動物の原皮（全形のもので16 kgを超えるもの）が85882枚，それ以外の馬類の動物の原皮が18960枚輸入されている．前者の輸入相手国は，表8.5に示すように，ポーランド，イタリア，フランスなどが中心で，この3国で総輸入枚数の7割を超える．ヨーロッパ以外ではカナダとアルゼンチンからの輸入がみられるが，カナダやアルゼンチンなどは焼き印が押してあることが多く（南米産はウマの所有者が頻繁に変わることも多いようで三つも四つも押してあることがあるという），当然，こうした焼き印は原皮としては傷ということになる．

表 8.5 馬類動物原皮（全形, 16 kg 以上のもの）輸入量（2013年）

	数量（枚）	金額（千円）	平均価格（円/枚）
ポーランド	28313	158211	5588
イタリア	23714	129725	5470
フランス	10462	55008	5258
ベルギー	8715	46436	5328
カナダ	5091	23066	4531
スペイン	4586	16195	3531
スウェーデン	3099	10896	3516
ドイツ	822	2743	3337
アルゼンチン	1080	2585	2394
計	85882	444865	5180

出典：貿易統計

　ウマに限ったことではないが，原皮は食肉生産の過程で発生する副産物である．したがって，革製品の需給動向が原皮の生産動向に結びつくことはない．世界的に産業用馬の頭数は減少傾向にあり，加えて馬肉食の拡大もみられないことから，国内産はもとより，世界的にみても，原皮の供給が今後拡大する可能性はあまりないといっていいと思われる．　　　　　　　　　　　〔古林英一〕

参 考 文 献

出口公長（1999）：皮革あ・ら・か・る・と，解放出版社．
福原康雄（1956）：日本食肉史，食肉文化社．
古林英一（2001）：産地競馬としての「ホッカイドウ競馬」．北海学園大学経済論集，**49**(1)：79-92.
古林英一（2007）：農用馬の活用による地域振興．北海学園大学開発論集，80号，1-27.
古林英一・高倉克己（2010）：産地競馬としての「ホッカイドウ競馬」再論―競馬システムにおけるホッカイドウ競馬―．北海学園大学経済論集，**57**(4)：27-46.
古林英一（2014）：はんえい競馬の成立過程―馬産振興から公営競技へ―．北海学園大学学園論集，162号，43-60.
伊藤記念財団（1991）：日本食肉文化史，伊藤記念財団．
岩崎　徹（2002）：競馬社会をみると，日本経済がみえてくる―国際化と馬産地の課題―，源草社．
日本馬肉協会監（2013）：馬肉新書―基本知識と技術，保存版レシピ集　知られざる馬肉のすべて，旭屋出版．
日本皮革産業連合会・日本タンナーズ協会（2014）：平成25（2013）年度　製革業実態調査報告書．
宇井延壽（1999）：日本の競馬Ⅰ，法令等の変遷及び主要事項，近代文芸社．

9. ウマに関する最近の話題

9.1 野生化したウマ

9.1.1 歴史と背景

　家畜が野生化した状態をフェラル（feral）という．ウマにおいては，長期間にわたり人為的介入が非常に少ない状態で自然放牧される馬群なども，しばしば同様のものとして認識されることがある．野生化する背景は様々だが，ウマの場合はおおむね，開拓地や鉱山，戦時中の駐留軍キャンプでの遺棄，あるいは難破船からの逃走などを経て，人の管理下から離れ，放置されて野良状態に至るためである．しかし，20世紀以降，野生状況で社会を形成し，世代を重ねている状況が注目され始めた．とくに野生原種の絶滅した家畜馬では，野生状況での生態・行動にかかわるデータ収集のための貴重な研究素材であり，家畜化の問題についても，その存在は多くの示唆を与えている．多くの地域において野生化ロバ等とともに法律で保護されており，その保全方法について様々な試みがなされている一方，オーストラリア（棲息頭数約40万頭：2010年現在）や北米では生息頭数が増加し，農地や山林放牧地などに被害が出るため，駆除や頭数コントロールも行われている．

　野生化馬は，ポルトガルのソライア馬，フランスのカマルグ馬，英国のニューフォレストポニー，ナミビアのナミビア砂漠馬，米国のムスタング，アサティーグ・チンコーティング島ポニー，カナダのセーブル島ポニー，オーストラリアのブランビー馬，ニュージーランドのカイマナワ馬，インドのディブル・サイコワ国立公園のウマ，日本の御崎馬など，世界各地に分布し，品種や地方種として確立しているグループもある（図9.1）．

図 9.1　セーブル島・野生化馬のハレム

9.1.2　社　会　構　造

　比較的湿潤な草原域に生息する野生化馬は，ハレム型の社会構造を形成している．1〜2頭（まれにそれ以上）の成熟した種雄個体，複数頭の雌馬，その子で構成されるハレム群（家族群）と，日ごとにメンバーが変化するような結びつきの弱い独身雄群，そしてハレムを失った単独雄等の三つのユニットから成っている．日本の御崎馬の例では，ハレムの雌が5頭以上になると，婚外子の割合が増えるという報告（図9.2）もある．1頭の種雄には，成熟雌個体が2〜5頭程度のハレム群が維持しやすい状態であるといえよう．御崎馬のように，天敵がなく安定した環境下では，ハレムをもつ雄は一生の間に約25頭程度の子馬を残すことが可能となっている．

　ハレム雄は，この繁殖群れの雌に対し絶対的に優位な地位にあり，この群れを常にひとつにまとめ，他の雄馬による雌の引き抜きや交尾を阻止するために，

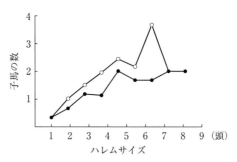

図 9.2　ハレムサイズとハレム雄の子の割合（Kaseda and Khalil, 1996）
○：ハレムの当歳馬の平均数，●：ハレム雄の当歳馬の平均数．

9.1 野生化したウマ

図 9.3　ハレムをハーディングする種雄

多くの時間を費やす．たとえば，採食時や移動時に群れが広がりすぎないよう，牧羊犬のように威嚇やハーディングをして群れを後方から追いまとめる（図 9.3）．ハレムは一定の生息圏の中で，採食のための移動を繰り返しながら生活し，繁殖期にはハレム雄との交尾が行われる．同時にハレムをもたない雄らによる，多様な雌へのアプローチが展開する．正攻法では，1 頭あるいは数頭でハレムに接近し，ハレム雄と戦い雌を奪う．ほかに，ハレムと一定の距離をとって常に付き従い，普段は外部から群れを守るような行動をとる"寄生"的戦略もある．これは，雌の発情期などに他のハレム群と接近した場合，遭遇で緊張状態にあるハレム雄らの警戒の隙をついて，その両方の群れの雌と交尾を行う機会を得ることになる．

　ハレム雄という地位は他の雄に比べて圧倒的な優位を誇っている．ハレムという形態が，繁殖の独占にいかに有利であるかは，再野生馬のハレム雄に精管切除手術を施した実験からも明らかである．この種雄は，施術されたにもかかわらずハレム外の雄からハレムの雌を守る行動をとり続け，婚外子率は 2 年後が 17%，3 年後が 33% に留まり，群外婚を許す確率は非常に低かった．ハレムには別の繁殖戦略もある．カマルグ馬やセーブル島ポニーでは，ハレム雄から群れを乗っ取った雄馬が，受乳期の 0 歳馬や妊娠馬を攻撃して，幼児や胎児を殺すことで，雌馬の発情を促進させるいわゆる「子殺し」もみられる．

　自然放牧馬群で，全体の雄の数を少数に設定し，かつ群れ数も少ない状況では，ハレム雄を脅かす抗争の可能性は低く，雌が外部に移動することも少ない．こうなると，雄の群れをまとめる意識は低下し，かわりに社会的順位の高い雌馬，あるいは授乳期の雌が移動のイニシアチブなどのリーダーシップをとる頻

度が高くなる．この傾向は群れ内の雄，雌双方のメンバーの固定化によって，より顕著なものになり，順位は世代を超えて継承されていく傾向がある．カマルグ馬の調査からは，母親の順位が高い子供は自らも社会的順位が高く，成熟後すぐに単独雄ハレムを作るが，順位の低い雄は2頭程度の複数雄ハレムを形成する期間が長いことが明らかになっている．

9.1.3　コミュニケーション行動の発達

　舎飼いのウマに比べ，社会環境が複雑で変化に富んだ野生状況下では，様々な社会的コミュニケーション行動が表出し発達する．

　視覚的コミュニケーション：　ハレム社会の個体間には，優劣関係が存在し，これが雌間の争いや，移動時の調整など，群れを維持する規律として働いている．種雄はハレム雌に対して，絶対的に優位であり，雌馬間にはしばしば社会的順位が成立している．優位個体は，劣位個体を噛むあるいは噛む表情，蹴るあるいは蹴る仕草などで優位性を表し，また劣位個体はこれに対し耳を倒すなどの表情で服従を表す．未成熟個体は，スナッピング（授乳催促の行動の転位行動と解釈される）などことさらに幼児性を強調する仕草で脅し行動を回避する．

　触覚的コミュニケーション：　ハレム内の個体間の結びつきを強める機能をもつコミュニケーション行動として，相互グルーミング行動があげられる．母子間，姉妹兄弟間，近親個体間に頻繁に見られるが，それ以外にも，同齢個体間などに見られ，互いの親密さの指標にもなっている．皮膚を擦りあい寄生虫を擦り落とすなどの，衛生機能のほかに，心拍数を抑える機能，なだめの機能などが認められている．

　嗅覚的コミュニケーション：　糞には複雑なリリーサーフェロモンとしての個体情報が，また雌の尿にはプライマーフェロモンとしての発情情報が，さらに雄の尿にはそれらの情報を隠蔽する匂い物質が含まれている．繁殖期のハレム雄は雌の発情情報や個体情報をハレム外雄から隠蔽するために，匂い付（マーキング）行動を繰り返す（図9.4）．また，発情雌の尿を嗅いでフレーメンをし，プライマーフェロモンの作用により，勃起などの交尾行動が促進される．雄は多くのハレムが行きかう水場の近くなどに，複数の雄の糞からなる糞溜りを作るが，自分の情報を置いていくと同時に他の雄の情報を遭遇せずに得ることが

図9.4 雌の糞に匂い付けするハレムの種雄

できる（図9.5）．

　実際に雄馬どうしが出合い遭遇戦のような状況になると，まず各々が排泄し，相手の糞を嗅ぎ合う行動を行い，互いの情報を確認した上で，闘争かあるいは闘争を回避するかの判断がくだされる．この一連の行為は，前哨戦的な威嚇合戦，たとえば，互いに糞という名刺を出しあうような行動ともいえる．実際の遭遇戦では，上記に述べた音声による威嚇・攻撃や，さらには後肢で立ちあがったり，前膝を着くなどの押し合いや噛みあい，場合によっては全速力での追走・逃走などに発展していく．

図9.5 水場付近にある雄馬の溜糞(ためふん)を嗅いで匂い付けするハレムの種雄

　聴覚的コミュニケーション：　ウマでは約7種類の音声（鼻音）が分類確認されている（4.1節参照）．ハレムの雄どうし，あるいはハレム雄と独身雄などの遭遇戦の際に発声されるスクゥイールといわれる音声は，周波数がより高く，より大きな声を出した個体が，勝利する確率が高い．また，発情した雌馬が興味を示す雄馬は，ウィニーやグラントなどの音声をより多く発した雄馬であるという舎飼馬の実験結果がある．この結果を裏づけるように，野外での成熟雄は発情雌にこの呼びかけを使って接近し，またハレム雄は，群から距離をおいて採食をする雌をこまめに呼び戻し，無事を確認するような行動をとる．母子間では，距離が離れ互いを見失うような状況下などで，高く嘶いて（ニッカー）居場所を確認しあう．

9.1.4 野生化したロバ

野生化はウマに限らずロバにもみられる現象である．米国西部の砂漠地帯・デスバレー国立公園と，東部大西洋の湿潤地帯・オサボー島で再野生化した二つのロバの集団にみられる生態行動や社会構造における発達の差異は，ウマ科家畜の自然環境への適応力，なかでも社会行動や社会構造を柔軟に適応させていく能力をよく表している．デスバレーにおけるロバの社会は，乾燥地域に生息し，縄張り型の社会を形成する野生ロバの典型例と同様である．この縄張り型社会では，成熟雄が繁殖地と採食地を兼ねた排他的縄張り空間を単独で所有し，雌は縄張りを渡り歩き，繁殖期や出産期には各縄張りに短期間滞在する．乾燥した採食地では，バイオマスは低く，食草は分散し，通常でも難しい授乳時の摂食は困難をきわめる．

一方，オサボー島のロバは，縄張りを作らず，ハレムのような群れを形成しているようである．そこでは，縄張り型社会ではほとんど発達しなかった親和的コミュニケーションである相互グルーミング行動も発達してきているという．このように様相の異なった二つの社会での，親子の授乳行動と乳離れの時期をオサボー島（ハレム型）と，デスバレー（縄張り型）で比較すると，デスバレーでは生後1カ月未満の子が，乳をねだって吸入できた確率は82%だが，生後3～4カ月にはその確率は35%にまで低下する．一方，オサボー島では生後3～4カ月では，88%の吸入成功率を維持している．縄張り型のロバは授乳拒否により授乳間隔を伸ばし，蹴る，噛むなどの方法で拒絶し，自身の栄養状態を維持していると思われるが，結果，乳離れの時期にも差が生じる．こうした早い乳離れと単独生活は，コミュニケーション行動の発達にもハレム社会との大きな差違を生じさせる．この事例は社会的コミュニケーションが種固有に固定されたものではなく，社会環境に適応して変化しうる柔軟性をもつものであることを示唆している．　　　　　　　　　　　　〔木村李花子〕

参 考 文 献

Asa, C. S. (1999)：Male reproductive success in free-ranging feral horses. *Behavioural Ecology and Sociobiology*, **47**：89-93.

Csurhes, S., Paroz, G., Markula, A. (2009)：Pest animal risk assessment：Feral horse *Equus caballus* (PDF), Biosecurity Queensland, Queensland Primary Industries and Fisheries. Queensland Government. pp. 27.

Duncan, P. (1982): Foal killing by stallions. *Applied Animal Ethology*, **8**: 567-570.
Feh, C., De Mazieres, J. (1993): Grooming at a preferred site reduces heart rate in horses. *Animal Behaviour*, **46**: 1191-1194.
Feh, C. (1999): Alliances and reproductive success in Camargue stallions. *Animal Behaviour*, **57**: 705-713.
Houpt, K. A. (1998): Domestic animal behavior for veterinarians and scientists. Iowa State University Press.
Kaseda, Y., Khalil, A. M. (1996): Harem size and reproductive success of stallions in Misaki feral horses. *Applied Animal Behaviour*, **47**: 163-173.
Kimura, R. (2000): Relationship of the type of social organization yo the scent-marking and mutual-grooming behaviours in Grevy's (*Equus grevyi*) and Grant's zebras (*E. burchelli bohmi*). *Journal of Equine Science*, **11**(4): 91-98.
Kimura, R. (2001): Volatile substances in feces, urine and marked feces in feral horses. *Canadian Journal of Animal Science*, **81**: 411-420.
木村李花子 (2002): ウマ社会のコミュニケーション―雌はハレムに隠されたか, 縄張りに呼ばれたか. 神奈川新聞社.
Linklater, W., Cameron, E. Z., Minot, E. O., Stafford, K. (1999): Stallion harassment and mating system of horses. *Animal Behaviour*, **58**: 295-306.
Moehlman, P. D. (1998): Feral asses (*Equus africans*): intraspecific variation in social organization in arid and mesic habitats. *Applied Animal Behaviour Science*, **60**: 171-195.
Pickerel, T. M., Crowell-Davis, S. L., Candle, A. B., Estep, D. Q. (1993): Sexual preference of mares (*Equus caballus*) for individual stallions. *Applied Animal Behaviour Science*, **38**: 1-13.
Rubenstein, D. I., Hack, M. A. (1992): Horse signals: the sounds and scents of fury. *Evolutionary Ecology*, **6**: 254-260.
The Wildlife Society (2012): Feral horses: Get the facts (PDF), The Wildlife Society.

9.2 後腸発酵動物であるウマの採食戦略

9.2.1 草食動物にとっての採食戦略とは

　自然草地には様々な種類の植物が生えている．草食動物は，十分な養分量を摂取するために，季節による草量や栄養価の変動に応じて草を探し，摂取する時間を調整している．たとえば，冬などで草量が少なく栄養価も低い場合，多くの草を得るため採食時間を長くして摂取するエネルギー量を増やす．しかし，移動によるエネルギー消費量が摂取したエネルギー以上になってしまうと摂取量を高めた意味がなくなる．草食動物は，草からのエネルギー摂取量が草を探すのに要したエネルギー消費量よりも多くなければ生命を維持することはできない．

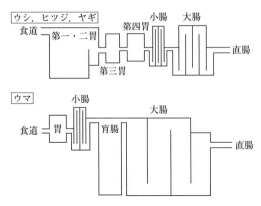

図 9.6　消化管の模式図（近藤原図；森田ら，2002）

　草食動物は草の繊維成分をおもなエネルギー源としている．草食動物であっても繊維成分を直接栄養源として利用できないため，消化管内に微生物を棲息させて微生物が繊維を分解し発酵してできた産物を栄養源として利用している．草食動物は後腸発酵動物と反芻動物に大別できる．後腸発酵動物は消化管の盲腸から大腸の一部で微生物発酵が行われるのに対して，反芻動物は消化機能をもつ第4胃よりも前の消化器官で行われる（図9.6）．代表的な家畜を例にあげると，前者にはウマがあり，後者にはウシ，ヒツジ，ヤギがある．これら両者の消化管の構造の違いは，消化能力や採食行動にも反映し，種による独自の採食戦略をもつと考えられる．

9.2.2　消化能力から見た採食戦略

　ウシの場合，微生物による分解発酵は第1胃（反芻胃）で行われ，発酵産物は栄養源としておもに第1胃で吸収される（図9.6）．また，第1胃で増殖した微生物は飼料片とともに第4胃に流入して消化され，良質な動物性タンパク質として利用される．一方で，ウマの場合，微生物による分解発酵は，盲結腸で行われ，全消化管に占める盲結腸の容積割合はウシよりも多い．発酵産物は後腸以降で吸収されるが，盲結腸は消化管のかなり後方に位置していることから，栄養源を吸収できる器官は直腸に限られる（図9.6）．実際にウマとウシの繊維に対する消化率を比較してみると，ウマの消化率がウシよりも低いことが知られており，ウマの繊維に対する消化能力は低く，ウシのほうが草をより

効率的に利用している.

しかし，ウマを放牧しても発育が悪いわけではない．たとえば，アイスランドの自然草地にはウマ，ウシ，ヒツジが放牧されている．放牧した家畜のうちウシとヒツジは草の栄養価が高いときはよく育つが，低いときは発育が悪い．一方で，ウマは草の栄養価が低くても発育がよいことが知られている．この違いは後腸発酵動物と反芻動物の草の摂取量が関係している．ウシの場合，繊維を多く含む低品質な草を摂取すると，微生物が分解するのに時間を要するので，摂取した草は反芻胃内に留まる時間が長くなり，結果として草の摂取量は低下する．しかし，ウマの場合，繊維の分解が十分でなくても盲結腸を通過でき，摂取した草が消化管内に貯まり続けることはないので，低品質な草でも多くの量を摂取できる．ウマは繊維の消化能力が低いので，一見すると草食動物に適していないようにも思えるが，草の質に関係なく多くの草を摂取することができるので，消化能力の低さを補うことができる．

9.2.3 採食行動から見た採食戦略

自然草地に放牧したウマにおける草の摂取量は，草の量や質によって大きく変動するが，おおむね1日に10〜12時間を採食に費やす．採食時間はいくつかの採食期に分かれており，連続した採食が続く1採食期はおよそ2〜3時間である．ウマもウシも草を食べるときは，前肢を動かさない状態で草を食べることのできる範囲（フィーディング・ステーション：FS）（図9.7）のなかで，数回喫食（草を噛みちぎる動作）を行い，1〜3歩移動し，また喫食を行うことを繰り返し，前へ前へと進んでいく．ウマの場合，草を摂取するために1日

図9.7 フィーディング・ステーションの模式図

図 9.8 ササを食べる北海道和種馬

図 9.9 ササを食べるヘレフォード種牛

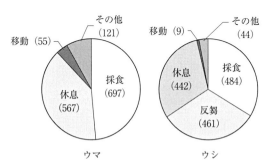
図 9.10 林間放牧地でのウマとウシの1日の個体維持行動時間（分/日）（Shingu et al., 2010 より作成）

でおよそ3〜10 km 移動する（Fraser, 1992）．

ササの生えた林間放牧地に北海道和種馬（図 9.8）またはヘレフォード種牛（図 9.9）を放して行動観察を行ったところ，一つの FS 内の喫食回数はウマの場合，1回が多いのに対し，ウシでは1〜3回喫食することがわかった（Shingu et al., 2010）．また次の FS まで移動した歩数もウマのほうがウシよりも長く，ウマはつまみ食いをしながら転々と採食場所を変えており，より遠くへ移動した．一つの FS 内には多くの草があるにもかかわらず，一口しか食べないウマの行動は，高栄養価の草を選択して採食した結果なのかもしれない．結局，この実験ではウマが食べた草とその栄養価との関係を明らかにしていないが，ウマはウシよりも約 200 分長く採食し（図 9.10），約 4 km も長く移動しても（図 9.11），痩せていくようなことはなかった．

一般に，ウマは競馬や移動用の乗り物として利用されており，経験的にも

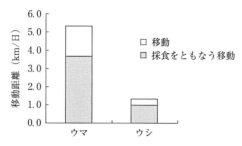

図 9.11 林間放牧地でのウマとウシの1日の移動距離
（km/日）（新宮ら，未発表）

　その身体的能力の高さから移動が得意な動物に見える．Kaseda and Ogawa (1992) は，宮崎県の都井岬に半野生的に放牧されている御崎馬を調査し，草量の豊富な夏季は採食時間や移動距離が長く，エネルギー消費量が多かったが，逆に草量が少ない草の質の悪い冬季は採食時間や移動距離が減少し，エネルギー消費量が少ないことを明らかにした．移動が得意なウマでも，常に草を求めて長く移動しているのではなく，草量が少ないと移動する距離も減らし，草量に応じて移動する距離やエネルギー消費量を調節しているようである．

　草食動物であるにもかかわらずウマは繊維の消化能力は低い．しかし，夏季には移動する距離を長くして，栄養価の高い草を選んで多くの草を摂取する戦略をとっていると考えられる．一方，冬季のように草量が少なく，草の栄養価が低い場合には，移動しない戦略も取っている．このように，ウマは状況に応じて採食戦略を変えることで，種の存続をはかってきたのであろう．

〔新宮裕子〕

参 考 文 献

Fraser, A. F. (1992): The Behaviour of the Horse, p. 81, CaB Intl.
Kaseda, Y., Ogawa, H. (1992): Diurnal and seasonal rhythms in heart rate, body temperature and daily activities of Misaki feral horses. *Jpn. J. Equine Sci.*, **3**: 163-171.
森田琢磨・酒井仙吉・唐澤 豊・近藤誠司 (2002): "家畜"のサイエンス，p. 136, 文英堂出版．
Shingu, Y., Kondo, S., Hata, H. (2010): Differences in grazing behavior of horses and cattle at the feeding station scale on woodland pasture. *Anim. Sci. J.*, **81**: 384-392.

9.3　ウマの異常行動とアニマルウェルフェア

　さく癖と熊癖は，ウマに携わったことのある人であれば一度は見たことのあるウマの行動と思われる．さく癖はウマが切歯を飼育環境内にある構造物にひっかけ顎をひくことを繰り返す行動，熊癖はウマが体を左右に揺らすことを繰り返す行動である．さく癖については歯の磨耗や疝痛との関連，熊癖については蹄の磨耗，筋肉疲労への繋がりなど，管理上の問題が指摘されていること，また，これまで飼育現場においてこれらの行動を制御しようとしても失敗に終わることが多かったことから，さく癖と熊癖は悪癖と呼ばれている．一方，動物行動学では，さく癖と熊癖はどちらも異常行動に分類される．異常行動は様式上，頻度上あるいは強度上で正常から逸脱した行動と定義され（佐藤，2011），アニマルウェルフェアが悪い状態の指標と考えられている．アニマルウェルフェアは動物がよく暮らしている状態を意味し，さく癖と熊癖は飼育下のウマの生活がうまくいっていないことを表すものと考えられている．

9.3.1　アニマルウェルフェアへの対応，五つの自由

　アニマルウェルフェアについては，近年，とくに欧州連合がアニマルウェルフェアに関する法整備，飼育方式の転換などの取り組みを進めている．日本でもそれに対応した動きがあり，各畜種ごとにアニマルウェルフェアに関する飼養管理指針が2008年から2011年にかけて作成された．ウマに関しては，公益社団法人日本馬事協会により「アニマルウェルフェアの考え方に対応した馬の飼養管理指針」が策定された．その一般原則には，「アニマルウェルフェアへの対応とは，家畜の健康を保つために，家畜の快適性に配慮した飼養管理をそれぞれの生産者が考慮し，実行することである」と書かれている．また，アニマルウェルフェアへの対応や飼育下の動物のウェルフェアの判断の指針となるのが，家畜福祉審議会（FAWC）が提案した"5つの自由"である．そこでは，①空腹・渇きからの自由，②不快感からの自由，③痛み・怪我・病気からの自由，④正常行動を発現する自由，⑤恐怖・苦悩からの自由，の五つの側面が設定されている．この5つの自由の考え方は，ウマのウェルフェアと異常行動との関係にも適用できる．すなわち，これら5つの自由の管理がうまくいってい

ない場合，飼育下のウマのウェルフェアはいい状態ではなくなり，ウマは異常行動を行うようになると考えられている．それには，ウマの行動欲求が関係している．

9.3.2 ウマの行動欲求

ウマを含めて動物は，行動欲求，すなわち，行動を行うことに対する欲求をもっている．ウマのウェルフェアの管理がうまくいっていない場合，それに対処する手段の一つとして，ウマは様々な機能を有する正常行動（表9.1）の中からその状況に適した行動を発現させる．その際，その行動を実行することに対する欲求，行動欲求がウマの中で生じると考えられている（Ninomiya, 2014）．たとえば，馬房内の気温が高ければ，自身の体温の上昇を防ぐために

表9.1 ウマにおける正常行動の分類と行動の機能

行動の分類		行動の種類	おもな機能
個体維持行動	摂取行動	摂食，飲水，舐塩	水分や養分などを体内に取り入れる
	休息行動	立位休息，伏臥位・横臥位休息，睡眠	体内のエネルギーの消費を抑える，疲労の回復
	排泄行動	排糞，排尿	体内から余分なものを排出する
	護身行動	庇陰，日光浴，水浴，群がり	肉体の保護，生体恒常性の維持
	身繕い行動	身震い，擦り付け，舐める，掻く，砂浴びなど	体の衛生状態の維持
	探査行動	聴く，視る，嗅ぐ，噛む，触れるなど	外部環境の情報の収集
	個体遊戯行動	物を動かす，跳ね回るなど	不明，行動の学習などにかかわると考えられている
社会行動	社会空間行動	接近，追従，個体間距離保持など	社会的環境の維持
	社会的探査行動	聴く，視る，嗅ぐなど	社会的情報の収集
	敵対行動	威嚇，攻撃，闘争，回避，蹴り，スナッピングなど	資源の確保，社会的順位の形成や維持
	親和行動	相互グルーミング	社会的絆の形成
	社会的遊戯行動	模擬闘争，追いかけあいなど	個体遊戯行動と同じ
生殖行動	性行動	乗駕，陰部嗅ぎ，ウィンキング，交尾など	受精，生殖
	母子行動	分娩，舐める，授乳など	子個体の養育

行動の分類は動物行動図説（佐藤ほか編，2011）を参照．

より涼しい場所に移動することに対する行動欲求が生じる．

しかし，飼育下ではスペースが限られていたりして，ウマが適切な行動を実行できないことが多々ある．ウマが行動をうまく実行できないことは，その個体の生存や生き残りを阻害することを意味し，ウマにとってよくない状況であることは明白である．そして，ウマを行動欲求不満状態にさせる．

9.3.3 ウマの欲求不満時に現れる行動

この欲求不満状態においてもウマは行動で対処するという反応をみせ，表9.1にある行動以外の行動を発現させる（表9.2）．さらに，この欲求不満状況が長期化した場合，ウマはさく癖や熊癖などの異常行動を行うようになるといわれている．たとえば，ウマを生後から長期間追跡調査した研究から離乳後にさく癖や熊癖を行うリスクが高くなると報告されている（Waters et al., 2002）．おそらく，離乳にともなう母親との隔離や飼育環境の変化などが複合的なストレス刺激としてウマに影響を与えることが，さく癖や熊癖がこの時期に発達しやすい原因ではないかと思われる．以上のことから，さく癖と熊癖はウマのウェルフェアの指標になると考えられている．

9.3.4 アニマルウェルフェアの管理

飼育下のウマの生活がうまくいっていないことは，ウマの能力を十分に引き出せない危険性があり，それはウマの飼育目的（生産，繁殖，競走など）にも影響が及ぶことが考えられる．飼育下にあるウマのウェルフェアは飼育者の管理方法に大きく影響されることから，ウマのウェルフェアをしっかり管理することは重要といえる．アニマルウェルフェアの管理とは，前述の"5つの自由"

表9.2 ウマの欲求不満と関連する行動

行動	内容
敷料探査	敷料を嗅ぐもしくは鼻で掻き分ける行動
前掻き	前肢で地面を掘るような行動
頭振り	頭を上下に振る行動
舐める	馬房の壁や柵などを舐める行動
噛む	馬房の壁や柵などをかむ行動
熊癖	体を左右に揺らすことを繰り返す行動
さく癖	切歯を物体にひっかけ顎をひくことを繰り返す行動
回ゆう癖	馬房内を円を描いて回り続ける行動

にその補足として次のように記されている．①の空腹・渇きからの自由については，健康で生き生きとした状態を維持するために必要な新鮮な水や食物にすぐにアクセスできるようにすることにより，達成される．②の不快感からの自由については，環境内のストレッサーから避難できる場所や快適な休息場所等，適切な飼育環境を提供することにより，達成される．③の痛み・怪我・病気からの自由については，これらの予防と迅速な診断および治療により，達成される．④の正常行動を発現する自由については，その動物種にあった飼育面積，適切な設備，仲間を提供することにより，達成される．⑤の恐怖・苦悩からの自由については，精神的な苦しみを生じさせない状況や取扱いを確保することにより，達成される．

9.3.5 さく癖と熊癖の制御

さく癖と熊癖の制御を考える場合にも，ウマのウェルフェア管理を見直し，ウマの行動欲求不満を解消するというアプローチが必要となってくる．行動が制限される飼育環境における動物の行動欲求の管理方法として，アニマルウェルフェア管理の不備にともなうストレス刺激の除去，および環境エンリッチメントがある（Ninomiya, 2014）．環境エンリッチメントとは，飼育環境の中に構造物を付与する，飼育管理方法を工夫することにより，ウマの行動発現を可能にし，その欲求不満を解消する飼育管理技術のことである．

これまでの研究から，さく癖や熊癖が発現する危険性が高い飼育環境・管理要因として，粗飼料の給与量が少ない，濃厚飼料の給与量が多い，放牧地やパドックに放たれることがない，他のウマと社会的関係がもてない飼育環境，稲藁以外の敷料が使われている，などがあげられている（McGreevy et al., 1995；Redbo et al., 1998；Bachmann et al., 2003）．すなわち，これら飼育環境や管理方法の不備がウマのウェルフェアレベルを低下させ，それに対する適切な行動が実行できない状況においてウマはさく癖や熊癖を行うようになることが予想できる．さらに，さく癖や熊癖の発現頻度を下げる方法を調査した研究もある．胃酸を中和させる薬を混ぜた飼料を与えると子馬のさく癖が減少すること（Nicol et al., 2002），馬房内で隣のウマが見えるようにすると熊癖が減少すること（Cooper et al., 2000）がわかっている．これらの報告から，ウマのウェルフェア管理として餌やウマの社会環境の管理を見直すことは，ウマの欲求不

満を解消し，さく癖や熊癖の発現を抑えることにつながると思われる．

しかし，さく癖については，繰り返し行われるにつれ，ウマの欲求不満とは関係なく発現するようになり，さく癖を行うこと自体が目的となってくることが指摘されている（McBride et al., 2001）．さく癖の制御が難しいのはこの性質が関係していると思われ，そうなる前に制御を試みるのが重要となってくる．また，行うこと自体が目的となり，飼育環境や管理方法とは関係なく発現することは，その行動が現在の飼育環境におけるウマのウェルフェアを正確に表していない可能性を示唆している． 〔二宮　茂〕

参 考 文 献

Cooper, J. J., McDonald, L., Mills, D. S. (2000)：The effect of increasing visual horizons on stereotypic weaving：implications for the social housing of stabled horses. *Applied Animal Behaviour Science*, **69**：67-83.

佐藤衆介（2011）：動物行動図説（佐藤衆介ほか編），p.153，朝倉書店．

Nicol, C. J., Davidson, H. P. D., Harris, P. A., Waters, A. J., Wilson, A. D. (2002)：Study of crib-biting and gastric inflammation and ulceration in young horses. *Veterinary Record*, **151**：658-662.

Ninomiya, S. (2014)：Satisfaction of farm animal behavioral needs in behaviorally restricted systems：Reducing stressors and environmental enrichment. *Animal Science Journal*, **85**：634-638.

Bachmann, I., Audige, L., Stauffacher, M. (2003)：Risk factors associated with behavioural disorders of crib-biting, weaving and box-walking in Swiss horses. *Equine Veterinary Journal*, **35**：158-163.

McGreevy, P. D., Cripps, P. J., French, N. P., Green, L. E., Nicol, C. J. (1995)：Management factors associated with stereotypic and redirected behaviour in the Thoroughbred horse. *Equine Veterinary Journal*, **27**：86-91.

McBride, S. D., Cuddenford, D. (2001)：The putative welfare-reducing effects of preventing equine stereotypic behavior. *Animal Welfare*, **10**：173-189.

Redbo, I., Redbo-Torstensson, P., Odberg, F. O., Hedendahl, A., Holm, J. (1998)：Factors affecting behavioural disturbances in race-horses. *Animal Science*, **66**：475-481.

Waters, A. J., Nicol, C. J., French, N. P. (2002)：Factors influencing the development of stereotypic and redirected behaviours in young horses：findings of a four year prospective epidemiological study. *Equine Veterinary Journal*, **34**：572-579.

索　引

欧　文

AAA　95
AAT　95
ATP　85
blow　78
CP　171
CSF　169
CSM　170
DHEA　138
DJD　173
eCG　136
EquCab2.0　147
foal heat　138
FS　207
FSH　129
FSHサージ　133
GI　50
GnRH　129
gron　78
GWAS　150
INDEL　150
JRA　23, 184
LH　129
LHサージ　131
MAF　150
nickers　78
NRC　60
NSE　165
PMSG　136
QTL　145
RE　165
snort　78
SNP　144, 149
squeal　78
STR　149
whinny　78
X-大腸炎　167

ア　行

曖気　51
アイスランドポニー　16, 76
アイビ　75
アイラグ　11
亜鉛　54
青毛　152
曙馬　3
芦毛　152
アッシリア　9
当て馬　119
アデノシン三リン酸　85
アニマルウェルフェア　210
アパルーサ種　13
鐙　9
アラブ種　12, 183
アルファルファ　51
アレクサンダー大王　9
アレル　146
アングロアラブ種　18, 183
アングロノルマン種　12
アンドロジェン結合タンパク　140
アンモニア　73

イエウマ　116
イオウ　54
胃潰瘍　92, 167
閾値形質　145
異常行動　73, 80, 210
異常反応　80
一塩基多型　144, 149
1馬力　8
五つの自由　210
遺伝　144
遺伝学　144
遺伝距離　149
遺伝型　146
遺伝継承　144
遺伝性疾患　154

遺伝要因　145
遺伝率　146
移動距離　109
移動行動　71
移動速度　110
インスリン抵抗性　50
インヒビン　132

ウイービング　80
ウインキング　119
ウォーク　74
後立ち　81
乳母馬　141
馬回虫　167
「ウマが笑う」　79
馬糸状虫症　167
ウマ絨毛性性腺刺激ホルモン　136
馬伝染性貧血　177
ウマ乳汁　11
馬主　19
ウマの起源　1
ウマの鳴き声　78
馬バエ幼虫症　166
運動器疾患　171

衛生対策　157
栄養　40, 84
栄養素　42
エオヒップス　2
役繁兼業　34
エクイリン　138
エクイレニン　138
エクウス　4
エストラジオール-17β　132
エネルギー　85
エネルギー消費量　209
エビ　175
嚥下　71
塩化イオン　54
円虫症　166
エンドトキシンショック　161

横臥位　76
黄体期　131
黄体形成ホルモン　129
おたぐり　5
オーチャードグラス　51
オナガー　7
オーナーブリーダー　23
親子判定　153

カ　行

回転襲歩　74
回ゆう癖　80
角膜炎　181
鹿毛　152
風邪　163
夏癬　178
カッティングホース　16
葛藤行動　80
カビ毒　180
カマルグウマ　116
噛み返し　70
カリウム　53
カルシウム　53
眼科疾患　181
環境要因　145
緩駆歩　74
観察　158
関節炎(症)　172
感染症　179
乾草　44
寒立馬　72
寒地型牧草　62
寛跛行　171

気胸　163
き甲部　2
偽常染色体領域　148
季節繁殖動物　130
木曽馬　12
喫食量　70
蟻洞　176
揮発性脂肪酸　73
ギャロップ　74
キャンター　74
給餌　48
給餌回数　49
休息行動　76
休息時間　106
吸乳　122

駆歩　74
競走能力　155
競走馬　81, 183
胸膜炎　163
去勢法　16
距離適性　155
起立　77
起立位　77
筋炎　174
筋線維　91

グイッポ　80
空間構造　125
クオーターホース　16
草ばん馬　33
屈腱炎　174
駆動　6
頸筋を軽く咬む　119
駆歩　74
組換え率　149
クミス　11
鞍　9
栗毛　152
グリコーゲン　6, 82, 86
クリージョ種　12
グリセミックインデックス　50
クリーブランドベイ種　13
グレイザー　114
クレッシェ　122
クロム　55
群居性　125
群行動　116
群社会　116
群の形成　121

形質　145
軽種馬　12, 19, 183, 186
軽種馬飼養標準　59, 63
繋靭帯炎　175
鶏跛　171
競馬法　184
軽速歩　75
頸部脊柱管狭窄症　170
痙攣疝　164
血管疾患　161
血色素尿　168
血腫　177
血栓疝　164
結腸　40, 69
血尿　168

結膜炎　181
月盲　181
ゲノム　147
ゲノムワイド関連解析　150
犬座姿勢　80
ケンタウルス伝説　9
腱断裂　174
懸跛　171
肩跛行　171

交感神経活動　104
交感神経系　101
後駆麻痺　170
交差襲歩　74
光線処理法　141
後腸発酵動物　69, 205
行動欲求　211
公認競馬　184
喉嚢炎　163
交尾　120, 130
咬癖　80
呼吸器疾患　161
護身行動　79
こずみ　174
子育て行動　122
個体維持行動　70
個体識別　153
骨関節炎 OA　173
骨折　171
骨端炎　172
骨軟化症　172
骨膜炎　172
コードバン　197
ゴドルフィン・バルブ　14
コバルト　55
コブ　15
コミュニケーション　77
コミュニケーション行動　202
ゴロうち　79
仔分制度　21
仔分・預託制度　21
コンサイナー　28
混睛虫症　182
コンパニオンアニマル　10

サ　行

採食行動　207
採食時間　59, 106, 108
採食植物　113

索引

採食戦略　72, 205
採食量　60
臍帯　121
最大許容負荷重量　97
最大酸素摂取量　82, 89
サイドウォーカー　96
在来馬　12, 38
サイレージ　44, 51
さく癖　80, 165, 213
ササ　66, 107
挫跖　176
サブグループ　126
サラブレッド種　1, 18, 183
サラブレッドビジネス　24
サルキー　13
サルコイドーシス　178
3大種牡馬　14

シェトランドポニー　2, 15
四塩化炭素中毒　180
歯科疾患　166
糸球体腎炎　167
敷料　48
刺咬性飛来昆虫　79
脂質　44
視床下部・下垂体・性腺軸　128
試情馬　119
自然草地　108
自然放牧馬　201
質的形質　145
疾病　158
支跛　171
シマウマ群　117
ジミチ　75
社会構造　125, 200
斜対歩　74, 155
十字靭帯断裂　174
重種　2, 12, 183, 186
蹴癖　81
襲歩　74
受精卵の卵管内移動　135
授乳　122
授乳拒否　81
循環器疾患　160
春機発動　130
障害者乗馬　10, 94
消化管　40, 206
消化器疾患　164
上顎切歯　71

消化能力　206
消化率　44
蒸気機関　8
乗系馬　188
小脳性運動失調　171
乗馬　187
乗馬クラブ　187
乗馬療法　94
飼養法　157
乗用　9
乗用人口　187
乗用馬　5, 94, 187
乗用馬頭　188
食餌性蹄葉炎　176
食草行動　70
食草時間　106
食道炎　167
食道梗塞　167
食肉　5
食糞　73, 81
食用　192
初乳　139
鋤鼻器　79
ジョロック　75
自律神経活動　100
飼料給与　48
心筋炎　160
真菌性皮膚炎　178
神経系疾患　169
人工授精　141
シンジケート　22
心内膜炎　160
腎脾エントラップメント　165
心不全　160
蕁麻疹　178
親和行動　77

水胸　163
髄膜炎　169
ステレオタイプ行動　80

精細管　139
精子形成　130, 139
性周期　131
成熟卵胞　130
正常行動　211
性成熟　130
性腺刺激ホルモン放出ホルモン　129
精巣　129

精巣機能　139
赤色尿　168
セタリア症　170
切歯　70
摂取行動　70
舌麻痺　171
ゼネラル・スタッドブック　14
セーブル島の野生馬群　116
セルトリ細胞　139
セルフランセ種　15
セレン　55
繊維質　42
前胃発酵動物　69
腺疫　179
浅屈腱炎　174
戦車　7
染色体　148
染色体数　117
疝痛　164
前庭障害　171
先天性心疾患　160
騸馬　168
喘鳴症　162

相加的遺伝分散　147
相互グルーミング　77
草食動物　69, 205
造精機能　128
双胎　169
相馬野馬追　191
側対歩　74, 155
ソシアル・グルーミング　77
ソシアル・ネットワーク解析　126
咀嚼　70
粗タンパク質　73
ソリュトレ　5

タ　行

胎子性腺・胎盤・子宮ユニット　138
胎子性腺の肥大化現象　137
代謝性アシドーシス　49
対州馬　12
対称的歩法　74
胎盤　136
滞留時間　41
駄載　8, 16
脱臼　174

手綱　9
多様性　144
タルタルステーキ　6
ダーレー・アラビアン　14
単胃動物　69
炭水化物　42
暖地型牧草　62
タンパク質　43, 52
タンパク尿　168

チアミン　58
チェリオット　7
蓄膿　161
チベット馬　13
地方競馬　184, 188
チモシー　51, 72
着床時期　135
中央競馬　184, 188
中間種　12
中毒　179
腸炎　165
長日性季節繁殖動物　128
腸重責　165
釘傷　176
腸捻転　166
佇立　76

ツェゲー　11
角　70

蹄球炎　176
低血流性ショック　161
蹄叉腐爛　176
蹄真皮炎　176
蹄葉炎　175
鉄　54
テネシーウォーキングホース　13
デヒドロエピアンドロステロン　138
電解質　89
伝染病　179
伝貧　177
デンプン源穀実　45

銅　54
橈骨神経麻痺　171
とう嚢炎　176
動物介在活動　95
動物介在教育　95

動物介在療法　95
十勝ペル　30
トカラ馬　12
土産　116
ドサンコ　13, 38
トビアノ　153
トランスバーギャロップ　74
トレッキング　11
トレーニングセール　27
トレーニングセンター　25
トロッター種　13
トロッターレース　13
トロット　13, 74

ナ　行

ナース・カウ　122
ナチュラル・ペーサー　76
ナトリウム　54
生草　44
鉛中毒　180
常歩　74
なんこ鍋　6
なんこ料理　193
南土合馬　116
南部馬　16

匂い付　202
日照時間　128
2排卵　134
日本在来馬　2, 97
日本中央競馬会　23, 184
日本脳炎　179
日本ばん系種　30, 186
妊娠　130
妊娠維持機構　135
妊娠期間　135
妊馬血清性性腺刺激ホルモン　136

ネフローゼ症候群　168

脳炎　169
農耕馬　30
脳室腹腔（VP）シャント　170
脳腫瘍　170
脳脊髄液　169
農用馬　30
野間馬　12

ハ　行

バイアリー・ターク　14
胚移植　141
肺炎　163
ハイダータイプ　121
胚の子宮内移動　135
ハイラックス　2
排卵　128
排卵黄体　136
排卵窩　130
馬草　196
バキューム・サックリング　80
白帯病　175, 176
跛行　171
跛行診断　171
馬刺し　5
発汗　89
白血病　177
発情　131
発情臭　119
発情周期　131
ハドリング　117
馬肉　31, 192
歯の構造　70
ハノーバー種　13
馬尾症候群　170
馬匹改良法　16
パピローマ　178
ハミ　9
速歩　74
パラヒップス　3
ハレム　117, 200
ばんえい競馬　2, 31, 183, 186
ばん系馬　30
繁殖　128
繁殖季節　128
繁殖行動　118
繁殖障害　168
反芻胃　69
ハンター種　15
ばん馬大会　33
半野生馬　116

庇蔭行動　79
ビオチン　58
曳き船　7
鼻出血　162
蹄　70

微生物層　69
砒素中毒　179
非対称的歩法　74
肥大性骨症　172
日高地域　25
ビタミンA　56
ビタミンB1　58
ビタミンB2　58
ビタミンB群　57
ビタミンC　57
ビタミンD　57
ビタミンE　56
ビタミンH　58
ビタミンK　57
必須アミノ酸　52, 91
泌乳　130
泌乳期妊娠　139
ヒッパリオン　4
泌尿器疾患　167
非繁殖季節　128
皮膚馬胃虫　178
皮膚炎　178
皮膚腫瘍　178
病性鑑定　158
ヒラコテリウム　2
鼻涙管狭窄症　182
貧血　176
品種　11
ピント種　13
ピンフッカー　27

フィーディング・ステーション
　　71, 207
フィンランド種　16
風気疝　165
フェノチアジン中毒　180
フェラル　199
フェラルホース　107, 111
フェロモン　202
フォロワータイプ　121
副黄体　136
伏臥位　76
副交感神経活動　101
副交感神経系　101
腹膜炎　166
父娘交配　118
不整脈　160
ブドウ膜炎　181
ふなゆすり　80
ブラウザー　114

プリオヒップス　3
フリーレインジ　107, 111
プルゼワルスキー馬　116
ブルトン種　12, 183
フレグモーネ　177
プレスハム　195
フレームオベロ　153
フレーメン　79, 159
プロジェステロン　131
プロラクチン　129
分岐鎖アミノ酸　53
分娩　130
分娩後排卵　139
分娩後発情　138

ペーサー　76
ペース　75
蛇毒　180
ベルジャン種　12, 183
ペルシュロン種　12, 183
ヘルニア　166
ベルビアンパソ　13
変形性関節症　173
変則行動　80
便秘疝　164
扁平上皮癌　178

膀胱炎　168
膀胱結石　168
報償金　185
蜂巣織炎　177
放牧　35
放牧地　59, 63
放牧馬　106
牧草　61
母子行動　121
ポスティング　75
ホーストレッキング　95, 100, 102
ホースマン　20
北海道和種馬　2, 12, 38, 66, 107, 110
ボディランゲージ　78
ポニー　2
歩法　74, 83
歩様　155
ホルスタイン種　13
ホルモンのフィードバックシステム　133

マ 行

マイクロサテライトDNA
　　149
マイナーアレル頻度　150
マーキング　202
マグネシウム　53
マーケットブリーダー　24
末梢神経性麻痺　171
マリー病　172
マンガン　55

ミオグロビン尿　168
ミオパチー　174
ミオヒップス　3
御崎馬　12, 107, 112, 116
水　48, 89
ミズーリフォックストロッター
　　13
身繕い　80
ミトコンドリア・ゲノム　149
三春馬　16
「耳を背負う」　78
宮古馬　12
ミヤコザサ　66, 72, 107

無関心　81
ムスタング　116

メソヒップス　3
メラノーマ　153, 178
メリキップス　3
メール・エフェクト　121
メンデルの法則　146

モウコノウマ　116
毛色　150
盲腸　40, 69
木材の搬出　7
モリブデン　56
モンゴル馬　13

ヤ 行

野生化　199
野生馬　116
野生ロバ群　117
野草地　65
流鏑馬　191

熊癖　80, 213

ヨウ素　55
預託制度　22
予那国馬　12

ラ　行

ライイングアウトタイプ　122
ライディヒ細胞　139
ラスコー　5
卵巣　129
卵胞期　131
卵胞刺激ホルモン　129

卵胞発育波　131

離断性骨軟骨症 OCD　173
立位休息　76
離乳　118
リピッツァー種　13
リーフイーター　114
リボフラビン　58
硫酸ナトリウム中毒　180
量的形質　145
リン　53
林間放牧地　72, 107
稟告　158
臨床検査　158

連鎖　146
連鎖地図　149
連鎖不平衡　146

労役　190
ロータリギャロップ　74
ロバ　204

ワ　行

ワット　8

編集者略歴

近藤　誠　司
（こん　どう　せい　じ）

1950 年　京都市に生まれる
1977 年　北海道大学大学院農学研究科修士課程修了
1988 年　北海道大学農学部助教授
2002 年　北海道大学大学院農学研究院教授
現　在　北海道大学名誉教授
　　　　農学博士

シリーズ〈家畜の科学〉6
ウマの科学
　　　　　　　　　　　　　　定価はカバーに表示

2016 年 9 月 25 日　初版第 1 刷
2021 年 12 月 25 日　　　第 2 刷

編集者　近　藤　誠　司
発行者　朝　倉　誠　造
発行所　株式会社　朝　倉　書　店
　　　　東京都新宿区新小川町 6-29
　　　　郵便番号　162-8707
　　　　電　話　03（3260）0141
　　　　FAX　03（3260）0180
　　　　https://www.asakura.co.jp

〈検印省略〉

© 2016〈無断複写・転載を禁ず〉　　東国文化・中央印刷・渡辺製本

ISBN 978-4-254-45506-9　C 3361　　　　Printed in Japan

JCOPY ＜出版者著作権管理機構　委託出版物＞

本書の無断複写は著作権法上での例外を除き禁じられています．複写される場合は，そのつど事前に，出版者著作権管理機構（電話 03-5244-5088, FAX 03-5244-5089, e-mail: info@jcopy.or.jp）の許諾を得てください．

好評の事典・辞典・ハンドブック

火山の事典（第2版） 下鶴大輔ほか 編 B5判 592頁

津波の事典 首藤伸夫ほか 編 A5判 368頁

気象ハンドブック（第3版） 新田 尚ほか 編 B5判 1032頁

恐竜イラスト百科事典 小畠郁生 監訳 A4判 260頁

古生物学事典（第2版） 日本古生物学会 編 B5判 584頁

地理情報技術ハンドブック 高阪宏行 著 A5判 512頁

地理情報科学事典 地理情報システム学会 編 A5判 548頁

微生物の事典 渡邉 信ほか 編 B5判 752頁

植物の百科事典 石井龍一ほか 編 B5判 560頁

生物の事典 石原勝敏ほか 編 B5判 560頁

環境緑化の事典 日本緑化工学会 編 B5判 496頁

環境化学の事典 指宿堯嗣ほか 編 A5判 468頁

野生動物保護の事典 野生生物保護学会 編 B5判 792頁

昆虫学大事典 三橋 淳 編 B5判 1220頁

植物栄養・肥料の事典 植物栄養・肥料の事典編集委員会 編 A5判 720頁

農芸化学の事典 鈴木昭憲ほか 編 B5判 904頁

木の大百科［解説編］・［写真編］ 平井信二 著 B5判 1208頁

果実の事典 杉浦 明ほか 編 A5判 636頁

きのこハンドブック 衣川堅二郎ほか 編 A5判 472頁

森林の百科 鈴木和夫ほか 編 A5判 756頁

水産大百科事典 水産総合研究センター 編 B5判 808頁

価格・概要等は小社ホームページをご覧ください．